碳市场

微观结构、定价和政策

CARBON MARKETS

MICROSTRUCTURE, PRICING AND POLICY

[英] 格本加 · 伊比库勒（Gbenga Ibikunle）
安德罗斯 · 格雷戈里奥（Andros Gregoriou）/ 著
凡鹏飞　李 嵘　宋崇明 等 / 译

中国环境出版集团 · 北京

图书在版编目（CIP）数据

碳市场：微观结构、定价和政策 /（英）格本加·伊比库勒（Gbenga Ibikunle），（英）安德罗斯·格雷戈里奥（Andros Gregoriou）著；凡鹏飞等译 . —北京：中国环境出版集团，2025.1

书名原文：Carbon Markets: Microstructure, Pricing and Policy

ISBN 978-7-5111-5468-2

Ⅰ. ①碳… Ⅱ. ①格… ②安… ③电… ④凡… Ⅲ. ①二氧化碳—排气—市场—研究—世界 Ⅳ. ① X511

中国国家版本馆 CIP 数据核字（2023）第 037410 号

著作权合同登记号图字：01-2023-0541

责任编辑 杨旭岩
封面设计 彭 杉

出版发行 中国环境出版集团
（100062 北京市东城区广渠门内大街 16 号）
网 址：http://www.cesp.com.cn.
电子邮箱：bjgl@cesp.com.cn.
联系电话：010-67112765（编辑管理部）
010-67175507（第六分社）
发行热线：010-67125803，010-67113405（传真）

印 刷 北京中科印刷有限公司
经 销 各地新华书店
版 次 2025 年 1 月第 1 版
印 次 2025 年 1 月第 1 次印刷
开 本 787 × 1092 1/16
印 张 11
字 数 200 千字
定 价 60.00 元

参译人员

凡鹏飞	李　嵘	孙　振	宋崇明
肖明煜	林凯骏	魏宏阳	袁　伟
李梓仟	柴剑雪	武　赓	曾　辉
赵　甫	赵宗政	李宝琴	邓思阳
李司陶	葛　良	侯江伟	吕兆伟

推荐序

我国当前正处于实现碳达峰目标的窗口期和关键期，为激励排放主体主动减排，我国于 2011 年选择部分地区启动碳排放权交易市场的试点建设。经过多年的试点经验和前期准备，2021 年 7 月 16 日，全国碳排放权交易市场正式开市。全国碳市场的启动引起了能源电力行业的广泛关注，随着碳达峰、碳中和目标的持续推进，全国碳市场的交易范围将不断扩大，碳市场对电力行业的影响会持续加深。

碳市场与电力市场和普通商品市场有着本质的区别。普通商品市场的价格主要由市场供需决定，而碳市场是典型的政策性市场，主要交易标的是碳排放权，其价格由控排政策、减排技术发展、履约时间等因素决定。碳市场在我国仍处于建设初期阶段，而国外以欧洲为代表的碳市场运行经验较为丰富，市场机制相对成熟，对我国碳市场的建设完善具备重要的参考价值。

为借鉴国外碳市场成熟经验，电力规划设计总院能源政策与市场研究团队收集整理了近年来国际碳市场领域经典著作，遴选并引入了《Carbon Markets: Microstructure，Pricing and Policy》（碳市场：微观结构、定价和政策）一书。电力规划设计总院是一所具有 70 年发展历程的国家级高端咨询机构，主要面向政府部门、金融机构、能源及电力企业，提供产业政策、发展战略、发展规划、新技术研究以及工程项目的评审、咨询和技术服务。为全面贯彻落实党的二十大精神，适应碳达峰、碳中和目标下能源电力行业的发展新形势，电规总院能源政策与市场研究院（能源绿色金融创新合作中心、绿色低碳节能认证中心）开展了能源和资源环境政策、碳市场、电力市场及其他能源环境新兴市场等领域业务。该团队先后承担过多个国家部委司局、能源电力企业委托的能源电力和双碳领域研究课题，出版《“碳达峰、碳中和”百问百答》，在碳市场等领域有着丰富的理论基础和业务经验。

《碳市场：微观结构、定价和政策》由 Gbenga Ibikunle 与 Andros Gregoriou 教授编著。该书在对欧盟排放交易计划（EU-ETS）的关键机制充分分析的基础上，从总体上探讨了碳市场的微观结构和碳金融工具的定价机制。该书对碳市场的价格影响因素、市场流动性、市场交易效率等问题进行了较为深入的分析，对于我国全国碳市场的进一步完善和控排企业的应对策略有着一定的借鉴意义。因此，我乐意将本书推荐给政府部门、控排企业以及研究机构，希望本书能够为读者提供有价值的参考。

胡明

电力规划设计总院党委书记、常务副院长

CONTENTS —— 目 录

第 1 章
导　言

Chapter 1

本书基于作者在 2010—2015 年主导的研究所得出结论，部分研究情况在书中的四个章节进行了详细描述。本书重点探讨三个相互关联的研究领域：环境政策、市场微观结构和环境金融经济学。具体而言，本书作者利用欧盟碳排放权交易体系（EU-ETS）内两个主要排放许可证交易所的数据，研究了三个主要问题：流动性、价格发现和市场效率。这两个交易所以及欧洲其他几个交易所构成了最大的区域性排放许可证市场（第 2 章将提供市场的描述性分析）。

根据 O'Hara（2003）的研究，有组织的市场主要履行两个功能：第一是提供流动性；第二是提供实现价格发现的机制。尽管基于对称信息的资产定价模型经常忽视这两个功能，但这两个功能对于任何类型的资产定价都至关重要，包括在碳市场交易的排放许可证。尽管在某些方面有所不同，但流动性和价格发现在理论上和实践上都有着千丝万缕的联系。在本书中，我们认为一个市场只有在其交易工具或资产能够反映所有可用信息的情况下，该市场的信息才是有效的。这包括公开可用的信息和已在交易中使用的私人信息，也就是说，我们将讨论基础价格存在条件下的价格调整过程。这意味着价格只会基于信念的革新（基于新信息所产生）而变动，如果价格在没有支持信息到达市场的情况下变动，则可以认为市场效率相对较低。

流动性在将新信息融入资产价格中发挥着重要作用。O'Hara（2003）做了一个有趣的分析：考虑一个市场在一周的某一天只有卖方而没有买方，除非卖方愿意等待预计在本周晚些时候到来的买方，否则将不会有交易，因此没有流动性。现在，设想一个独立代理人决定从卖方那里买下工具，并保留这些工具直到买方出现，那么就出现了交易，也就有了流动性。因此，流动性仅仅是以尽可能顺畅的方式将买方与卖方联系起来的过程。由于独立代理人或中间人提供了服务，卖价和买价之间自然会产生价差。这个假想市场基于代理人赚取的差价而形成的流动性，将最终影响资产定价的交易成本。

因此，信息、流动性和价格发现是金融市场中的关键问题，包括用于交易碳 / 二氧化碳（CO_2）排放许可证的 EU-ETS 等的环境市场。因此，要评估 EU-ETS 的运作是否顺利，就必须要考虑金融市场基于流动性、价格发现和相关微观结构功能等主要市场功能的表现，这意味着市场的效率取决于其流动性和价格发现过程。因此，在一个运作良好的市场中，这些问题是相互关联的。在市场微观结构的相关文献中可以找到这些问题具有相关性的证据。在一个独特的市场中，如 EU-ETS，交易活动是由政府政策所驱动的，因此理解政策如何影响市场微观结构的演变是非常重要的。由于本书旨在填补 EU-ETS 微观结构领域的研究空白，在下文中，我们将回顾有关金融市场价格发现、大宗交易的价格效应和流动性的微观结构文献，并从交易成本的角度将这三者联系在一起。我们还根据现有文献，将市场效率与流动性联系起来，因为这两者的联系会影响交易成本。随后，我们将从市场微观结构文献延伸到日益增多的有关 EU-ETS 的文献。在本章最后，我们将简要介绍本书基于实证研究的成果发现。

前文解释了流动性如何影响资产交易中的成本和价格发现过程，即在买方发起的交易中，资产的买方支付了溢价，或者在卖方发起的交易中，卖方做出了价格让步。因此，买价和卖价之间的价差越大，交易成本就越高。价差是必要的，它反映了交易者承担的成本和中介商的经济收益，在市场微观结构的相关文献中，这类中介商通常被称为“做市商”。因此，在报价驱动的市场中，做市商报价为衡量交易成本提供了基础。然而，这些成本并不完全是即时性服务或单据处理成本的需要，它们也是库存股票持有成本和逆向选择 / 信息不对称的结果。当考虑常规规模的交易时，价差通常是对价格产生影响的唯一微观结构，这就解释了为什么 Brennan 和 Subrahmanyam 通过价格冲击来衡量非流动性。他们的测量基于 Kyle 的模型，并与 Hasbrouck 以及 Foster 和 Viswanathan 的估计类似。他们最初使用 Lee 和 Ready 的算法将交易分类为签名交易，然后简单地估计逐笔价格调整对签名订单流（规模）的斜率系数。他们的分析基于几项早期的理论研究和至少一项实证研究，表明交易成本（尤其是信息不对称）的流动性效应被交易影响所捕获。因此，流动性效应在价格发现过程中发挥了作用。然而，大宗（大额）交易可能导致比价差更大的价格冲击；因此，Brennan 和 Subrahmanyam 根据订单大小和价格变化来控制早期信息。流动性驱动的大宗交易的价格变动通常是由执行时对交易意图的误解引起的。在这种情况下，这些交易可能被误解为含有重要信息的信号。

Kraus 和 Stoll 是较早证实大宗交易会引起价格冲击的研究者之一。他们认为，大宗交易引发短期流动性效应有两个原因。第一个原因是没有现成的交易对手而造成的价格让步；第二个原因是金融工具不能完美地相互替代而造成的价格让步。这些都导致了交易效率低下，从而产生价格冲击。此外，为了执行订单而给予价格让步的想法，凸显了人们对达成交易而做出的让步。这本身就向市场传递了有关订单对于交易对手来说存在潜在价值的信息，即他们所面临的流动性约束。因此订单本身就包含大量信息，可以带来价格冲击。Holthausen 等发现，并有证据表明，在执行买方发起的大宗交易时会出现溢价支付或价格让步。他们认为，大宗交易中的买家虽然支付了溢价，但是溢价被永久地包含在价格中，因而没有发现大宗销售让步的证据。Kraus 和 Stoll 进一步认为，大宗购买的价格冲击高于大宗销售，因为购买时承受的让步或支付的隐性佣金通常高于大宗销售的价格。这表明，大宗销售确实存在溢价。Kraus 和 Stoll 的开创性贡献之一是他们建立了大宗交易和价格冲击之间的关系。根据早期市场微观结构的相关文献，大额交易可以被视为私人持有的信息传递，因此，大额交易（没有隐藏的私人持有信息）影响价格变动并不罕见。这可能会使大宗交易中的价格发现过程复杂化。因此，大宗交易对金融市场的价格冲击仍然是价格发现背景下市场微观结构研究的一个重要领域。

由于价差（流动性的反向代理）被视为交易者的交易成本，当价差足够大时，它会对资产回报和价值产生负面影响。假设受流动性影响的交易成本或许能够通过建立一个透明的交易机制而降低，在这种机制中，资产的真实价值得到了体现，因此做市商不需要考虑逆向选择成本，那么我们可以合理地假设一个有效的价格发现过程。有一些研究讨论了平台交易机制转换所引起的价格冲击。这并不一定与价格发现和买卖价差的交易成本有关，尽管在本书中我们提供了证据，证明低逆向选择成本与更高的流动性工具的价格效率相关，但当该工具相对缺乏流动性时，这种关系就不再成立（见第 3 章）。本书通过第 3 章提供的证据填补重要知识空白。

价格发现需要将信息纳入资产价格的影响范畴，因为资产价格总是受到交易信息内容的影响。如果交易者不知情，他们在与知情交易者交易时就会承担风险，因此就价格发现而言，信息被视为一个风险问题。不知情的交易者必须为不对称信息条件下的交易寻求补偿，但是他们的资产风险不能被简单地分散掉，因为他们仍然不知情。不知情的交易者持有更多的金融工具只会增加更多的潜在损失，这种情况下，资本资产定价模型（CAPM）实际并不存在，因为条件是不对称的。市场中知情交易者的存在与不对称信息成本和不断扩大的价差有关，而不断扩大的价差表明流动性降低或非流动性增加。因此，基于这一观点，价格发现和流动性至少是间接相关的。价格发现和流动性的改善也表明，市场定价效率的高低取决于市场的这两个主要功能。接下来的内容将进一步探讨这一联系。

由于市场参与者需要时间将新的信息纳入其交易策略，一个被认为在日度内有效的市场并不一定意味着其在一天中的每个时点都是有效的。Cushing、Madhavan 以及 Chordia 等的研究证实了这一观点，他们的研究表明可以从订单流中预测短期回报。Chordia 等的研究认为，随着市场流动性的改善以及纽约证券交易所（NYSE）不同的最小报价单位机制的建立，这种可预测性会降低。Chung 和 Hrazdil 也在纳斯达克股票的大样本分析中证实了可预测性递减的观点。因此，这些研究通过流动性对订单流回报的可预测性的影响，证明了流动性和市场效率之间有密切联系。

以往的研究在讨论流动性和市场效率的联系时采取了不同的路径。这些研究通过交易非流动性工具时对溢价的需求，考察了流动性和回报之间的关系。不同的研究提供了不同的观点。Pástor 和 Stambaugh 报告了股票收益和流动性风险之间的横截面关系。他们的结果与 Datar 等、Acharya 和 Pedersen 的发现一致。类似地，Amihud 的文章也支持这样的假设，即预期市场流动性提供了时间序列中股票超额收益的指标，这意味着超额收益在一定程度上代表了非流动性溢价。Chang 等在对东京证券交易所（TSE）的研究中也有一致的结论。

Chordia 等对市场效率、价格发现和市场流动性的相关性进行了深入的研究。他们假设了一个市场，做市商在其中努力维持流动性供应。当财务困难或无法维持的头寸过度暴露时，由到达的订单流引起的定价压力可能会迫使价格短暂偏离其真实价值，市场效率低下。因此，订单流可以预期金融资产回报，至少在短期内如此。经验丰富且警觉的市场参与者（使用算法进行交易）可能会注意到随机游走基准的偏离程度。他们可能以套利为目的，提交市场订单。选择这种市场订单是为了在套利机会消失前迅速获利，因为这样的机会可能转瞬即逝。假设套利者提交的订单数量充足且及时，有助于缓解做市商的库存压力，这可能会进一步刺激资产价格的调整。根据 Chordia 等的研究，资产价格的修正降低了回报的可预测性。由于套利交易者更有可能在价差较窄时提交这些订单，当市场流动性与其他时间相比较好时，预期回报的可预测性会降低。因此，这证明了流动性、价格发现、市场效率和交易效应之间的相互关系。

前面讨论了基于对股票和更传统的金融市场平台进行分析的结果，因为人们已经深入研究过这些工具 / 平台。然而，基于高频数据的交易成本对交易所交易的排放许可证的影响的研究却很少。在环境金融学和经济学中，大多数有关交易成本一般性贡献的文献关注上游问题，如排放许可证的初始分配和市场概念。Convery 对大量早期研究进行了充分的综述。尽管与碳交易相关的金融文献越来越多，但很少有文献关注市场微观结构或日内定价。许多研究旨在了解 EU-ETS 的一般性金融市场特征。这些研究中有很大一部分是基于 EU-ETS 第一（试验）阶段（the Phase I）的交易。以下将简要讨论一些相关研究。

Benz 和 Hengelbrock 首次对欧洲碳期货市场的流动性和价格发现进行了日内分析。他们研究了 EU-ETS 第一阶段的交易成本，现已普遍认为该阶段市场效率低下。他们使用 Engle 和 Granger 的向量误差修正模型（VECM）框架来确定 EU-ETS 中两个主要平台之间的价格过程领导者，并证明了欧洲气候交易所（ECX）在价格发现过程中领先于北欧电力交易所（Nord Pool）。该论文的重要性在于他们采用了日内数据。

Mizrach 和 Otsubo 也研究了两个平台（在巴黎的 BlueNext 现货市场和伦敦的 ECX 期货市场）之间的价格发现的启动，他们使用 Hasbrouck、Gonzalo 和 Granger 的信息共享估计方法，他们认为 ECX 占两个平台联合价格发现约 90% 的份额。

Rittler 在一项研究中采用了与 Benz 和 Hengelbrock 相同的方法，研究了 EU-ETS 第二阶段早期的价格发现和因果关系问题。Rittler 的研究旨在确定在巴黎 BlueNext 交易的现货和在伦敦 ECX 交易的期货合约之间的价格领导者。这两项研究不仅在技术上相似，在研究方向上也相似。Benz 和 Hengelbrock 关注 EU-ETS 中两个平台（ECX 和 Nord Pool）之间的价格领导地位，Rittler 关注两种工具（现货和期货合约）之间的价格领导地位。Cason 和 Gangadharan（2011）对关联排放权交易市场中的价格发现进行了实验室检验，他们发现，由于关联市场之间的中介作用，价格发现和市场效率得到了改善。这与本书有一定的相关性，因为 EU-ETS 已经与欧盟以外的国家（冰岛、列支敦士登和挪威）建立了联系，这些国家创造的欧盟碳排放配额（EUAs）也在 ECX 平台上交易。最后，关于流动性，Frino（2010）等使用 ECX 的日内数据通过季度计算研究了 EU-ETS 的流动性和交易成本；他们的研究结果显示，在 EU-ETS 第一阶段和第二阶段的前两个季度，市场流动性普遍得到改善。

除了 Rittler 对现货和期货合约之间的联系进行了研究，还有其他学者也进行了有关研究。Uhrig-Homburg 和 Wagner 使用第一阶段的每日数据来确定现货和期货的价格发现程度，他们的研究表明，期货引领着价格发现过程。Daskalakis 等通过在第一阶段使用随机过程对 EUAs 价格动态进行建模，来讨论现货和期货之间的联系，他们发现不同阶段的银行限制与第一阶段期货定价的不一致性有关。期货定价仅符合阶段内基础上的持有成本理论。Joyeux 和 Milunovich 的研究在一定程度上支持这一发现，因为他们证明在第一阶段现货和期货之间存在长期联系，他们通过测试两个期货合约报告了现货的跨期联系。2008 年 Daskalakis 和 Markellos 就指出，第一阶段的市场不符合弱式有效，他们认为缺乏效率可能是由于第一阶段的银行限制和市场的不成熟。Montagnoli 和 de Vries 同意这种对第一阶段市场的评估，他们认为第一阶段是一个低效的实验，交易量少导致了对有效市场的假说有巨大偏差，他们的研究接着考察了第二阶段初期的交易情况，并报告了市场效率的显著改善。

另一系列文献研究了价格形成的几个因素：Christiansen 和 Arvanitakis、Mansanet-Batalleret 等、Alberola 等、Bredin 和 Muckley 使用每日数据，探讨能源基本面变化对欧盟排放交易体系（EU-ETS）每日欧盟排放配额（EUAs）回报的影响。他们的报告表明，EU-ETS 的定价是由受测试的基本面驱动的。Miclăuş 等使用 AR（1），GARCH

（1，1）模型进行事件研究，以考察如国家分配计划（NAP）和自愿减排（VER）公告等监管事件对 EUAs 价格的影响。他们的报告认为，并非所有获得的累计超额收益都具有统计学意义，因此第一阶段的市场参与者能够预测未来的市场状况。Mansanet-Bataller 和 Pardo Tornero 也采用事件研究方法来研究监管事件的影响，他们的研究结果表明，监管和政策出台对第一阶段的 EUAs 价格有影响。事实上，Hintermann 通过检验一个将许可证价格表示为几个变量函数的市场，证明在 2006 年 4 月发生的价格暴跌[1]之前，碳排放许可证的价格是由政策而不是边际减排成本驱动的。Fezzi 和 Bunn 采用了 VAR 程序，结果表明电价也会受到碳价格冲击的共同影响，他们的研究结果认为，在第一阶段，排放许可证价格每上涨 1%，英国电价就会上涨 0.32%。Nazifi 和 Milunovich 也报告了电力和排放许可证价格之间的联系（以及排放许可证价格和天然气与排放许可证价格和石油之间的联系）；然而，他们的研究结果也表明，没有证据表明碳价格与煤炭、石油、天然气和电力之间存在长期关系。这意味着价格不是协整的，并且在长期内可能会无界限地偏离。

上述讨论为本书探讨 EU-ETS 的价格发现、流动性、定价效率和政策影响等相关问题提供了背景。由于 EU-ETS 研究目前主要集中在对第一阶段交易的讨论，而第三阶段仍在进行中，因此本书重点研究 EU-ETS 的第二阶段。关于第一阶段和第二阶段的价格发现和流动性的日内演化确实存在巨大的文献空白，如果市场在第二阶段趋于成熟，预期日内的序列依赖性将最小化。因此，为了讨论市场的微观结构属性，需要对市场微观结构进行日内分析，目前针对这一领域的研究很少，本书试图通过介绍新的研究结果，并整合相关的现有研究来填补这一空白。

---

1. 价格暴跌似乎是由第一阶段第一组排放核查结果的无组织发布引发的。Hintermann（2010）、Daskalakis 等（2011）和 Bredin 等（2011）讨论了这一事件。

第2章
欧洲的排放权交易：背景与政策

Chapter 2

2.1 引言

经济学家蒙哥马利（Montgomery）于 1972 年证明了通过总量控制和交易进行的排放权交易制度的可行性。在理想市场条件下采用静态框架时，对于排放受限经济体中的企业来说，可以实现最低成本均衡。Rubin 于 1996 年使用最优控制理论同样证明了如果允许企业将温室气体（GHG）排放许可存储或借用排放许可证，那么排放许可证的均衡价格相当于边际减排成本。因此，排放权交易为企业减排方案筹措资金提供了一条渠道，即企业可以预先出售投资因减排措施而获得的超额许可证，从而企业能够采用最经济的方法来减少排放。排放权交易作为《京都议定书》及其后续气候条约的组成部分，在推动减少全球温室气体排放方面发挥着重要作用。《京都议定书》是由 192 个缔约方组成的国际框架，于 2005 年 2 月生效。《京都议定书》促进了价值数十亿美元的排放权交易行业的发展，其中欧洲碳市场自 2006 年以来，每年都贡献了 95% 以上的市场份额。

《京都议定书》确立了 3 种机制以帮助缔约方实现排放目标，包括国际排放贸易（IET）、清洁发展机制（CDM）和联合履行（JI），各缔约方根据发展情况选择相应的机制。在《京都议定书》框架下，37 个工业化国家和欧盟接受了为期 5 年（2008—2012 年）的约束性减排目标，其中缔约方可以根据《京都议定书》中的机制来实现各自的目标。《京都议定书》第四条允许多个缔约方以区域经济一体化组织接受整体的减排目标。在该规定下，欧盟作为一个一体化组织设定并接受了整体减排目标。2007 年国际交易日志（International Transaction Log，ITL）机制建立，实现了排放权电子化交易，该机制被《〈京都议定书〉多哈修正案》及其后续气候条约授权并沿用至今。

国家间的 IET 要求交易的两国都必须接受《京都议定书》规定的排放上限或遵守后续气候条约的相关规定。而在 JI 机制下双方原则上都必须签署《京都议定书》，但不需要接受温室气体排放上限。JI 机制可帮助向市场经济转型的国家提高能源效率，其 JI 本质是一种帮助此类国家能源效率达到具有竞争力水平的发展机制。因此，JI 有助于绿色技术和项目的投资从西欧流向欧洲东部地区。

尽管一些发展中国家的温室气体排放量大于发达国家，但《京都议定书》没有为这些国家设定排放上限，这是因为从历史事实看，工业化国家要对目前全球大部分温室气体存量负责。因此，最初没有为发展中国家分配配额，这也符合《联合国气候变化框架公约》（UNFCCC）的公平原则。根据《京都议定书》，发展中国家不具备 IET

和 JI 的条件，因此设计了 CDM 机制以实现向发展中国家转让绿色资金和清洁技术。然而，有人认为，这实际上鼓励了排放量不受限制地从有上限的国家向没有上限的国家（如发展中国家）转移。尽管有些国家已经实现了工业化，但仍拒绝接受上限，这些国家可能从这一漏洞中受益，同时发展中国家因为没有排放限制而成为有竞争力的投资目的地。

根据《京都议定书》，欧盟的目标主要是通过采用 IET 机制，使其排放量在 2008—2012 年比 1990 年减少 8%。期满后欧盟又设定并宣布了新的减排目标。本书后续章节将对此进行讨论。在《京都议定书》之后，欧洲继续主导碳排放许可市场，而且在可预见的未来仍将如此。因此，本书主要关注欧洲碳市场（EU-ETS）。我们认为，全球总量管制和交易政策的未来取决于 EU-ETS 的成功与否。EU-ETS 是一项强制性的总量管制和交易计划，该计划的参与方有法律义务根据设定的排放上限降低其排放量，或通过购买排放许可证抵消超过上限的排放量。根据《欧盟连接指令》（*EU Linking Directive*，第 2004/101/EC 号指令），《京都议定书》的 3 种机制已被纳入 EU-ETS。该指令直接"连接"了欧盟碳排放和全球气候政策，从根本上允许 EU-ETS 下的排放实体利用从 CDM 和 JI 中获得的减排信用履行欧盟减排目标下的减排义务。

EU-ETS 既是世界上最大的强制性总量管制和交易计划，也是欧盟自 2002 年批准全球温室气体减排条约《京都议定书》后最有力的区域气候变化政策工具。EU-ETS 的成功运作将为全球气候政策方向提供重要信息，识别有效的碳排放交易机制，并对不同排放限制下的排放许可证价格研究提供实证案例。EU-ETS 可能影响到欧洲本地以及新西兰、美国、日本和世界其他地区排放受限经济体的增长。这是因为当碳交易被限制在较小的地理范围内时，就会存在监管套利的可能性，目前实际情况也证明了这一点。碳交易市场是人为设置的，依赖于环境政策和法规，因此与大多数"天然"商品相比，它面临着更大的不确定性。排放许可证需每年上缴费用，理论上排放许可证的期货合约有更明显的优势，既能够作为对冲价格风险的工具，也能够帮助整个系统平稳运行。

许可证交易对《京都议定书》或 EU-ETS 来说并不新鲜。在 EU-ETS 启动之前，排放许可证交易最突出的案例就是美国酸雨计划（the United States Acid Rain Programme）。自 1992 年以来，美国国家环境保护局（EPA）一直将排放权交易作为实现减排的政策工具。不少文献研究了这一计划的实际效果，大多数认为该计划是成功的。Joskow 等（1998）和 Albrecht（2004）等认为该二氧化硫（SO_2）市场是有效的，实现了控制 SO_2 排放的目标。该市场上，配额以现货、远期和期权的形式进行交易，凸显了其流动性。

已有大量的理论和实证研究讨论了 EU-ETS 的市场特征，该市场的特性已经非常清晰。但是，EU-ETS 当前存在的阶段性问题并没有得到充分的研究探讨。本章将从经济、政策和金融监管的角度对这些问题进行讨论，这也是本书实证研究的背景，主要涉及 EU-ETS 的前两个阶段（2005—2012 年）。在随后的章节中，将进一步探讨与当前（第三）阶段相关的问题。

2.2 总量管制和交易制度下的排放权交易

总量管制和交易制度通过目标排放气体价格形成机制来调节该气体总排放量。排放权交易与税收不同的一个方面在于，监管机构只决定一个排放上限，然后市场根据监管机构的排放上限（排放权供应）和排放权的总需求来形成排放权的价格。在这种制度中，监管机构不直接负责确定排放价格；然而，他们可以通过引入旨在控制供应和需求的政策来影响目标气体排放权的价格。例如，在 EU-ETS 中，有一定比例的排放配额被保留在储备中（称为新进入者储备），监管机构可以通过控制这些配额的分配影响价格。例如，为了支撑 EU-ETS 第三阶段不断下跌的碳排放权价格，2019 年启动了市场稳定储备（MSR）。受管制气体的排放许可主要以配额的方式向排放企业发放，可以采取基于行业历史排放强度的免费分配形式（前期分配法），或通过拍卖的形式，或两种形式的任意组合。参与 EU-ETS 的企业和机构有权利对排放配额进行交易，使得它们可以基于市场的选择来完成监管机构设定的数量目标。如果一家公司发现减少排放比购买配额更具成本效益，它就可以将多余的配额出售给排放量超额的主体。相反，如果企业发现采购配额更有利于提高企业的竞争力，它可能会选择在市场中购买配额。

2.3 EU-ETS 的结构

截至目前，EU-ETS 的发展可以分为 4 个阶段。《京都议定书》之前的 3 年试验期（2005—2007 年）为第一阶段，《京都议定书》承诺期（2008—2012 年）为第二阶段。2011 年在南非德班的气候会议上各缔约方对气候变化威胁达成了共识，于是欧盟在前两个阶段的基础上，决定于 2013—2020 年启动第三阶段的排放权交易机制工作，尽管当时还没有就《京都议定书》的后续协议达成全球共识。第四阶段于 2021 年开始，预计于 2030 年结束。

EU-ETS 是欧盟气候变化政策的主要组成部分。欧盟通过了一项“责任分担协议”

（burden sharing agreement，理事会第 2002/358/CE 号决定），允许成员国之间调整减排目标，以避免抑制较不富裕国家的经济增长。这使得德国和英国等较大的欧洲经济体需要设立更高的减排目标。成员国负责根据减排目标确定各自境内受影响的主体。在第二阶段，冰岛、列支敦士登和挪威（非欧盟成员国的欧洲国家）也成为 EU-ETS 的参与主体。

欧盟大约有 1.2 万最小发电能力为 20 MW 的发电设施纳入了 EU-ETS 覆盖范围[1]。这些设施的温室气体排放量总计约占欧盟排放总量的 40%，仅在第一阶段就有 22 亿 t CO_2 排放量分配给这些设施。EU-ETS 各阶段的主要特征和关键差异见表 2.1。

表 2.1　EU-ETS 的各个阶段

变量	第一阶段	第二阶段	第三阶段	第四阶段
目标气体	仅限 CO_2	仅限 CO_2	CO_2、PFCs 和 N_2O	—
分配方案	基于前期分配法免费分配	10% 以内的排放配额以拍卖形式发放，以对市场进行调控，或为纳入机制的新主体提供备用	以拍卖形式发放的配额占比由 2013 年的 20% 逐步增加至 2020 年的 70%。拍卖的占比因行业和国家而异	从 2021 年起，拍卖形式发放配额占比每年上调 2.2%
体系中的温室气体比例	40%	40%	50%	50%
配额储备规定	储备的配额仅在本阶段内使用（法国和波兰允许部分储备配额应用于第二阶段）	允许跨阶段使用储备配额	允许跨阶段使用储备配额	允许跨阶段使用储备配额
配额计划	各国制订配额计划	各国制订配额计划	欧盟整体制订配额计划	欧盟整体制订配额计划
未履约罚款	每个未上缴的 EUAs 为 40 欧元，并需要在下一个履约年度补缴	每个未上缴的 EUAs 为 100 欧元，并需要在下一个履约年度补缴	未上缴的 EUAs 的罚款与欧洲价格指数一致，并需要补缴不足的 EUAs	未上缴的 EUAs 的罚款与欧洲价格指数一致，并需要补缴不足的 EUAs

EU-ETS 的每个参与国都要为每个主体制订一项国家行动计划（National Action Plan，NAP），计划中需说明每个设施在规定期限内按照责任分担协议所需减少的温室气体排放量。NAP 根据制订的排放计划确定每年发放的排放许可证数量，即排放许可

证即欧盟碳配额（European Union Allowances，EUAs）。每个 EUAs 授予持有人有排放 1 t CO_2 的权利。EU-ETS 的前两个阶段只针对 CO_2，通过控制 EUAs 的数量，来实现对 CO_2 排放总量的控制。

对企业而言，在第一阶段的 EUAs 有 95% 免费分配给各主体，5% 作为新进入者储备（新进入者储备旨在为新加入 EU-ETS 的主体提供一段时期的灵活性）。在第二阶段，欧盟各成员国引入了配额拍卖机制，各国拍卖配额占比不同，最高占比为 10%。在第三阶段，欧盟成员国拍卖 EUAs 的比例不断增加，2013 年占 EUAs 总存量的 20%，之后逐年递增，到 2020 年达到 70%。最终目标是在 2027 年前实现企业层面的全面拍卖（第 2009/29/EC 号指令）。

欧盟各成员国都组建了登记机构，这些国家级别的登记机构与欧盟委员会独立交易系统（the European Commission's Community Independent Transaction Log，CITL）互通，实现 EUAs 持有者变更情况等信息在国家和欧盟两级层面的信息共享。成员国内部的每一项交易都在对应的国家登记机构进行登记，国家登记机构对成员国内交易活动的记录都将同步至 CITL。每年 3 月 31 日前，EU-ETS 下的所有主体都必须向对应的排放监管机构提供外部审计报告。该报告包括上一履约年度运营过程中排放的 CO_2 量。在 4 月 30 日之前，这些主体必须报告与当年排放量相等的 EUAs 数量，并从各国登记机构的主体账户中删除对应数量的 EUAs。

对未能实现减排目标主体的处置措施：在第一阶段和第二阶段分别对当年每个未上缴的 EUAs 的主体处以 40 欧元和 100 欧元的罚款，并需要在下一个履约年度计缴。在第三阶段，罚款与欧洲消费价格指数一致（第 2009/29/EC 号指令）。这一新规定对欧盟第 2023/87/EC 号指令第 16.4 条进行了修订。与前两个阶段一样，未上缴的 EUAs 仍需要在下一个履约年度上缴，同时还需要交罚款。这种做法有助于确保不会在无意中设定 EUAs 价格上限，这样市场可以在没有监管机构干预的情况下形成 EUAs 价格，这是由于处罚的权重可能被解读为监管机构预期的市场价格上限的信号，从而有可能会限制碳价格的形成。欧盟委员会（European Commission）一再坚称，EUAs 的价格完全由供求关系决定。

项目排放许可证也可以在 EU-ETS 中上缴。《欧盟连接指令》（第 2004/101/EC 号指令）规定了 CDM 和 JI 项目来源的核证减排单位（Certified Emission Reduction units，CERs）和减排单位 (Emission Reduction Units，ERUs) 分别可以 1：1 代替 EUAs 上缴，但对上缴项目许可证的占比做了严格限制。

根据各成员国 NAP 中设定的限额，每年基于前期分配法对限排主体分配 EUAs

（在第二阶段、第三阶段根据前期分配法和拍卖）。这种年度配额分配通常在2月底进行，从分配到各主体提交年度排放报告之间有两个月的时间间隔。在理想情况下，配额用于下一个履约年度，这样的设计是为了让这些主体可以借用未来的许可证抵消前一年的超额，但仅可预借下一年的EUAs，且必须在同一阶段内。EU-ETS的第二阶段和第三阶段也允许将前几年盈余的EUAs进行储备以满足将来的履约要求。

在第一阶段，大多数成员国不允许将2007—2008年的配额纳入储备。这是因为2005—2007年（第一阶段）的排减量不能用于实现《京都议定书》承诺期的目标。欧盟成员国可以自由选择是否允许在EU-ETS第一阶段和第二阶段之间进行储备。但实际只有法国和波兰允许这样做，但进行了严格的限制。任何储备操作需得到欧盟委员会的授权，并受到储备限制的约束。例如，在波兰和法国，允许主体储备的最大限度是其初期配额与其核查的排放量之间的差额。在市场上获得的许可证不允许储备。

2.4 EU-ETS设计和规则的关键阶段相关问题

2.4.1 禁止跨期交易的问题

本部分重点讨论禁止将许可证从第一阶段转移到第二阶段政策的影响。已经有学者从经济学和政策角度研究总量管制、交易的设计和市场结构。从这些研究中可以明显地看出，总量管制和交易制度的成功取决于许多因素，包括流动性、所涉行业的多样性以及企业制定减排战略的灵活性。只有在有经济优势的情况下，企业才会更愿意选择减少排放而不是购买排放许可证。市场灵活性对于企业低成本实现配额义务履行至关重要。当EU-ETS允许在不同阶段之间转移排放配额（跨期交易）时，可以确保更高的效率。这意味着允许公司从未来时期借用许可证，并将多余的许可证转移到未来时期，以达到履约的目的。尽管在EU-ETS启动之前，学术界对这一观点达成一致，但欧盟绝大部分成员国选择禁止EU-ETS第一阶段和第二阶段之间的跨期交易。主要原因一个是第一阶段只是一个试验阶段，是为了适应《京都议定书》承诺阶段（第二阶段）期间的体系设计。如果允许将配额进行储备，欧盟在《京都议定书》中的目标可能因为第一阶段的流动性过剩无法实现。但是，第二阶段的配额分配可能会考虑到第一阶段可用的过剩数量，这有助于避免两个阶段之间过剩流动性问题。不允许跨期交易的政策最终导致交割日期接近第一阶段结束时，衍生工具的市场价值受到重大损失。

2.4.2 第一阶段的初始配额问题

自美国《清洁空气法》（*the US Clean Air act*）通过以来，ETS 的初始配额分配方法一直是一个热门话题，随着 EU-ETS 的建立，这一讨论变得更具争议性。在分配初始配额时，配额数量对于确保体系的可信度至关重要，必须有严格的数量上限才会产生相对稀缺性。在 EU-ETS 的第一阶段，免费分配法是唯一的分配方法。而拍卖价格可以强烈表明监管机构对配额价值的预期，提高了价格信号的透明度。价格透明度有助于提高流动性，以清晰的市场结构形成更科学的价格信号。拍卖同时也是一种财政收入来源，可以让政府在可自由支配的开支方面有更多的选择。例如，拍卖收入可以资助绿色技术的研究和开发；如果发生排放泄漏的情况，可以支持弱势行业保持竞争力。

在欧盟，向大气排放 CO_2 是一项受限制的活动，因此欧盟经济是“排放受限”的。这一限制将购买许可证转化为企业的成本。从经济学的角度来看，许可证的成本最终将会转嫁给消费者。欧盟电力部门是受 EU-ETS 影响最大的部门。如果许可证的成本转嫁给消费者，那么预计电价将随着这些许可证的成本上涨。由于第一阶段配额分配过多，EUAs 水平为净多头，2005—2007 年没有因 EU-ETS 而增加企业成本。此外，通过免费分配法向相关公司分配配额，这些公司在分配过程中没有产生任何成本。在其他条件不变的情况下，第一阶段理论上不应导致电力市场价格上涨。然而，许多研究报告称，由于碳成本上涨引起了消费者的用电成本随之上涨。例如，Fezzi 和 Bunn 的报告称，在第一阶段，碳价格每上涨 1%，就会导致英国电价上涨 0.32%。因此，排放许可证的免费分配似乎给电力生产商带来了一笔意外之财。

多方认为第一阶段的分配机制没有达到预期的结果。通过上涨用电成本改变企业和个人的电力使用习惯从而减少排放这一政策目标远没有实现。但是，碳价格会对电价造成影响的现象表明该目标是可以实现的。第一阶段的分配机制的不合理以及执行不力，导致企业和个人没有兴趣投资减排措施。尽管如此，第一阶段还是对碳排放产生了一些影响，根据欧盟委员会 2007 年排放报告，欧盟总排放量下降了 1.6%。2008 年的经济放缓也促成了排放量下降。拍卖或拍卖与免费分配制相结合是比单纯的免费分配制更可取的替代方案。第二阶段采用了该组合方法，效果比第一阶段好。

2.4.3 EU-ETS 的碳价格

碳价格反映了在排放受限的经济体中，将碳排放成本纳入生产过程的情况。从理论上讲，碳价格应与减少温室气体排放的边际成本相关。然而，市场摩擦（从微观结构的角度）和外部影响，如对银行和借贷的限制（从政策的角度），很容易使碳定价复杂化。

分析排放许可定价需要了解 EUAs 在交易条件与大宗商品或其他金融资产表现的异同点。EUAs 是欧盟成员国登记处的电子记录，其特征跨越多个金融资产类别。EUAs 与普通商品具有相同的特征，并且在作为衍生品合同基础的交付方面，可以被视为商品，与农产品和石油产品等更传统的商品相比，EUAs 的交割基本是“无风险”的。EUAs 的转让只需要在国家登记处登记从一个持有人到另一个持有人的转让，交易和交付方式类似常规金融期货。EUAs 表现出传统商品的特征，即供需是影响其价格的根本驱动因素。与许多商品一样，EUAs 也可以被归类为生产要素。从历史上看，EUAs 需求受经济状况、生活方式和消费者喜好的变化等因素影响。EUAs 的供应几乎完全受监管机构政策的影响，而有关政策则是以科学发展为基础的国际条约决定。

以上理论分析表明碳定价不大可能与其他金融资产类别相关联。Daskalakis 等探讨了 CO_2 排放配额与其他资产类别的相关性问题，发现 CO_2 排放配额与主要资产类别没有显著相关性。其研究结果表明，碳金融工具可使投资多样化。CO_2 排放配额和金融资产之间有着惊人的相似之处，与金融资产一样，拥有 CO_2 排放配额意味着拥有获得潜在利益的权利。以 EUAs 为例，获益就是允许一定程度的污染。此外，与金融资产类似，EUAs 不承担实物损失，不需要实物储存，具有不受限制的可交易性，其定价由供求关系决定。而监管机构可以影响 EUAs 的供应上限，这使得其发展出不同于传统金融工具的特性。受监管影响是碳定价的基本特征，因此表现出与其他金融资产不同的随机属性。与债券和股票等金融资产类别不同，CO_2 证书[2]不能支付利息或股息。CO_2 排放配额是履约工具，其定价应反映履约成本。虽然能源相关变量与确定履约成本方面关系密切，但也有人认为，碳价格与金融市场之间可能存在联系。Koch 报告了碳金融工具与传统金融资产回报之间的动态关联。本章 2.4.4 将讨论全球金融危机期间碳与金融资产之间相关性的实证。

2.4.4 全球金融危机对 EU-ETS 的影响

在第二阶段的第一个交易年（2008 年），EU-ETS 的交易额为 1 014.9 亿美元（745.6 亿欧元），比上一年增长了 87%，交易了 30 多亿份 EUAs 现货、期货和期权合约。2008 年，欧洲各国和多数其他发达国家的经济衰退导致住房、汽车等高价商品需求大幅减少，进一步导致水泥、钢铁和其他相关原材料的需求减少。制造业和建筑项目停滞，能源消耗降低。而购买 EUAs 的需求主要来自于能源 / 电力和石油消耗，随着电力消耗下降，EUAs 需求也下降，这导致了碳价格的大幅下跌。这一年的现货价格在 8 个月内下跌了 75%，从 2008 年 7 月创纪录的 28.73 欧元跌至 2009 年 2 月 12 日的 7.96 欧元。下跌不仅限于现货交易，二级核证减排量（CER）市场也出现了与现货交易一样的巨幅下跌（图 2.1）。考虑到碳排放许可价格与全球经济风向标商品原油之间的联系，Koch 提出的基于排放的期货合约与金融资产回报之间的可变相关性也就不足为奇了。

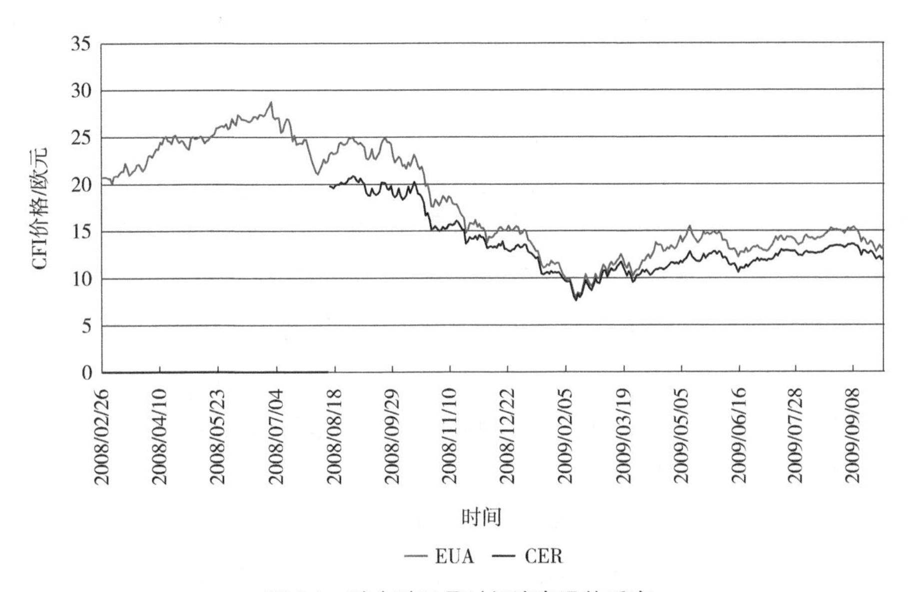

图 2.1　碳金融工具对经济衰退的反应

根据巴黎 BlueNext 的数据绘制，图 2.1 显示了 2008—2009 年经济衰退期间，EU-ETS 中碳金融工具交易价格的变化，数据时间跨度为 2008 年 2 月 26 日—2009 年 9 月 30 日。

CO_2 排放配额需求下降意味着企业积累了超过所需的分配配额，再加上信贷市场的紧缩，导致企业为了筹集资金而大规模抛售配额。重工业提供较高的配额供给率、投资者（非履约买家）抛售多头头寸，以及经济放缓后的需求下降，这三点导致 EUAs 及其衍生品的价格迅速下跌。在此期间，企业在信贷市场中寻求流动性，纷纷进行交易，打破了每日和每月的现货交易纪录。据报道，大部分增加的交易是在现货市场完成的，占 2008 年 12 月 EU-ETS 所有交易的 36%，与 2008 年上半年初始的 1% 形成了鲜明对比。

随着最严重的经济衰退期过去，闲置产能开始耗尽，消费开始回暖，市场信心逐渐恢复。2008 年下半年消费者对能源商品和其他资产类别的信心不断增强，这也反映在 EU-ETS 的排放许可证价格上，这是碳价格与能源商品相关的另一个证据。2009 年

4 月由于履约买家需要上缴 2008 年履约期的 EUAs 配额碳价格有所回升，这促进了更多的交易活动，增加了市场流动性。2009 年，EU-ETS 占全球配额交易的 96.46%，交易量约为 63.26 亿 t CO_2，价值 1 185 亿美元（887 亿欧元），高于 2008 年 31 亿 t CO_2 交易量（价值 1014.9 亿美元）。2009 年的市场价值比 2008 年提高了 18%，尽管同期 EUAs 价格下降了 42%。到 2010 年，市场似乎已经从 2008 年的衰退影响中恢复过来。全年 EUAs 交易总额攀升至 1 198 亿美元（全球碳市场价值的 84%），EU-ETS 驱动的全球市场份额增加到 97%。

2.4.5 EU-ETS 中的监管风险问题

自 2005 年以来，碳排放市场已显著改善。但是，自 EU-ETS 启动以来，一些潜在市场风险问题持续凸显。第一个问题与 2006 年 4 月 EUAs 价格暴跌有关。欧盟各国出于对市场基础风险和市场信心风险的担忧，为确保国内企业保持竞争力而过度分配许可证。价格暴跌还与信息不对称有关，这是监管机构对市场的复杂性缺乏足够的了解，无序地向市场发布信息造成的。随后，CER 价格也出现了大幅下跌，这在第二阶段和第三阶段都有记录。欧盟当局不得不引入折量拍卖（backloading）和 MSR 作为稳定价格的措施，并解决 EUAs 价格持续走低（约 5 欧元 /t CO_2）的问题。

第二个问题是臭名昭著的旋转木马式增值税避税法。许多公司通过逃避欧盟各地对 EUAs 现货交易征收的增值税，成功使自己获得免费的临时资金。这一方法是对商品征收增值税，但公司没有将增值税交给监管部门。在一些欧洲国家，当某一商品的买家和卖家在不同的司法管辖区时，进口商（买家）要么无须缴纳增值税，要么只需要在晚些时候（通常是 1～3 个月）付清。但是，卖方需要向买方支付当地增值税。相反，如果买方和卖方都位于同一个国家，则应在交易之日以现金支付增值税。EUAs 的存在方式仅是国家登记册上的记录，因此更容易跨境转移。增值税逃税为交易参与者提供了基于增值税的资金，造成了欧洲各国政府的税收损失。2009 年年底，欧洲刑警组织估计，由于欺诈行为，欧盟各国家损失超过 50 亿欧元。诸如此类的问题极大地影响了 EU-ETS 的诚信。受影响最大的国家，如法国和英国，通过单边措施恢复市场的诚信，包括引入反向征税机制（reverse charging mechanism），并在英国、法国、挪威和西班牙实施了逮捕和刑事起诉。2009 年 9 月，欧盟还提出了其他措施解决此问题。

第三个关键的监管问题涉及已上缴 CERs 的回收。2010 年 3 月匈牙利出售了已上缴的 CERs，欧盟的应对措施是修改登记规则，以防止将来发生类似事件。

第四个问题是一部分国家提交的 NAP 引起了一些争议。欧盟委员会行使其作为欧盟范围内EU-ETS监管者的权力，禁止爱沙尼亚和波兰发行EUAs。这两个国家提出异议，并向欧洲初审法院提出上诉，该法院随即宣告欧盟委员会的决定无效。欧盟委员会的权威因此而受到影响，预计这将对欧盟委员会在该体系内的监督职能产生影响。

第五个问题是国家登记处的安全隐患，这是目前为止EU-ETS面临的最大风险之一。2011年1月，价值超过4 500万欧元的EUAs在欧盟的一些登记处被盗。这一前所未有的案件导致一些国家登记处暂时关闭，并暂停了EU-ETS的现货交易。在此事发生之后的几个月里，欧盟委员会着手在欧盟范围内恢复和改进国家登记系统。

上面列举的事件可能削弱了EU-ETS交易的可信度，但也证实了市场正在成熟并与欧洲经济完全融合的预期。事实上，类似事件在主流传统市场中也很常见，因此需要实施金融监管。Kossoy和Ambrosi论证了这一点：

> 然而，具有讽刺意味的是，这些争议提供了证据，表明排放市场正在成熟，并成为欧洲经济的主流。实体不会在无关紧要的市场中寻找漏洞，欺诈者不会专注于小企业，关于NAP的争议表明，碳对相关国家已变得非常重要。通过这些挑战，EU-ETS已经显示出足够的韧性和迅速自我调整的能力。

当前的国际发展不仅强调排放权交易日益增长的重要性，还强调需要明确的证据来证明EU-ETS的运作效果。因此，了解EU-ETS的微观结构非常重要，因为它可以为即将到来的国际排放贸易（IET）体系的政策决策提供信息。2015年，在巴黎举行的第21届联合国气候变化大会（COP21）上达成的《巴黎协定》表明，世界其他地区的政府已在建立碳减排计划方面取得了进展，排放权交易是许多国家的选择。如果能证明EU-ETS是有效的，那么全球碳排放交易系统（ETS）可能会以EU-ETS的基本模式为基础。作为未来发展的一种方向，3个非欧盟国家（列支敦士登、挪威和冰岛），已经将其总量管制和交易体系与EU-ETS联结起来。原则上，欧盟对区域间连通多种总量管制和交易机制的前景持开放态度。在全球范围内将各种ETS连通起来的可能性会先于建立全球ETS。EU-ETS对这一发展至关重要，特别是在提供所需的交易活动和流动性方面。

2.5 本章小结

EU-ETS是一个具有高额价值的市场，值得金融和经济研究人员关注。本章详细研究了 EU-ETS 的经济意义以及几个与阶段性相关的问题。本章还对 EU-ETS 进行了描述性分析，这也是后续章节中实证研究的背景。总体而言，EU-ETS 第一阶段试验并不像政策制定者所预期的那样成功。第二阶段尽管存在一些挑战，但是取得了一定成功。在第三阶段，由于 EU-ETS 平台上的价格持续走低，这些挑战变得更加严峻。尽管如此，EU-ETS 仍然是全球排放权交易的主要驱动力，它的成功对于全球气候变化政策的任意进展都至关重要。本章研究表明，如果各种因素能被恰当地组合在一起，ETS 有可能成为信息有效的金融市场，其中最主要的因素是确保碳价格等于 CO_2 边际减排成本（有效价格信号）。接下来的问题：EU-ETS 信息有效吗？Daskalakis 和 Markellos 为第一阶段提供了这个问题的答案；他们认为，市场并不是弱式有效的（weak form efficiency）。在第 3 章中，我们将利用来自世界上最大的碳交易平台的高频数据，探讨第二阶段信息效率这一开放性问题，并得出了一些有趣的结果。这些结果非常重要，因为它们是第一组显示碳金融工具价格发现过程日内演变的数据。它们为投资者、履约交易商和政策制定者提供充分参与 EU-ETS 平台所需的关键信息。

前两个阶段还有一些有助于深入了解 EU-ETS 成熟状态的市场微观结构问题在很大程度上仍未得到探讨。为了保持市场质量（流动性和有效的价格发现），EU-ETS 对所涉及行业的流动性和多样性也很重要。在第 5 章中，我们将讨论流动性提升和 EU-ETS 第二阶段交易开始之间的关系，还会讨论其他相关的流动性效应。由于电力公司和其他大型实体是 EU-ETS 的履约交易商，人们会期望有大宗交易等固定的机构交易模式。因此，在第 4 章中，我们将讨论这些交易类别对 EU-ETS 最大的交易平台 ECX 的影响。

---

1. 这些部门包括发电厂、矿物油精炼厂、炼焦炉、黑色金属、玻璃、陶瓷产品和水泥制造商以及玻璃和纸浆生产商。其中，发电厂是主要的 CO_2 排放源。根据欧盟理事会的决定，将航空业也加入了 EU-ETS（见第 2008/101/EC 号指令）。

2. 在本书中，CO_2 证书、排放配额、排放许可证可互换使用，指法定污染权。

第3章

欧洲气候交易所的价格发现和盘后交易[1]

Chapter 3

3.1 引言

自瓦尔拉斯一般均衡理论（价格形成机制）提出以来，已过了 135 年。然而，金融市场的价格形成问题仍然是金融经济学研究中一个非常活跃的领域。20 世纪 80 年代末以来，技术和监管的变化改变了市场的运作方式，促使人们对交易平台上的价格形成机制进行了一系列新的研究。因此，一些学者围绕金融市场价格发现及其决定因素的问题进行了研究。在技术的帮助下，盘后交易（AHT）的引入进一步改变了市场。因为可以选择在正式市场收盘后进行交易，所以即使是在收盘钟声敲响之后，还会有更多的机会将新信息纳入资产价格。对于复杂交易，现在无须等到第二天的交易时段就能利用市场上的新信息。Barclay 和 Hendershott 研究了纳斯达克市场开盘前（BMO）的 AHBMO 和收盘后（AMC）的 AHT 时段，首次全面讨论了这两个时段如何影响金融市场的价格形成及其对比特征。此前有文献通过分析开盘前未执行订单和非约束性报价来研究市场开盘前（BMO）的价格发现作用。Madhavan 和 Panchapagesan 以及 Stoll 和 Whaley 分析了专业交易员的活动对纽约证券交易所开盘价的影响。Biais 等和 Davies 分别研究了非约束性 BMO 订单对巴黎证券交易所和多伦多证券交易所的影响，他们认为在 BMO 期间提交的订单，虽然没有约束力，但反映了市场信息。Ciccotello 和 Hatheway 以及 Cao 等还研究了基于非约束性做市商报价的价格发现过程。

之后，He 等研究了 24 h 运行的美国国债市场的价格发现效率，结果表明，在国债价格发现过程中，隔夜交易期是更为重要的组成部分，这与 Barclay 和 Hendershott 关于隔夜交易对价格发现的贡献的研究结果明显不同。Jiang 等在对收盘后（AMC）交易、公司收益发布（AHT 期间）后价格贡献和价格发现的分析中，似乎得出了与 He 等相同的结论。Greene 和 Watts 研究发现，尽管交易量相对较低，但开盘前和收盘后时段在收益公告日分别贡献了 36% 和 60% 的价格发现，这证实了盘后交易的影响力。Andersen 等、Almeida 等及 Goodhart 等也将宏观经济公告与汇率跳升联系起来。Andersen 等还讨论了新闻影响的不对称性，即坏消息比好消息影响更大。

本章对 AHT 和价格发现的研究不同于上述研究的地方在于，本章研究的是一个独特的市场，即交易所交易许可证市场，或者更贴切地说是欧洲碳市场。在这个市场上，收盘后交易的交易动机很难把握，因为许可证每年只需向政府提交一次用于履约。尽管许可证具有价值，但它们是由监管机构“创建”的记录，并且监管机构有影响价格的可能。此外，对于排放市场而言，在不同的交易层面上都会产生交易成本。在信息、达成大宗交易的合意条款以及向监管机构汇报履约记录方面产生的额外成本，构成了交易成本。当交易失去吸引力时，影响交易成本的其他因素可能导致交易量的损失。这些问题并不都与常规市场相关。

关于 EU-ETS 价格形成的研究越来越多，其中大部分是基于第一阶段的数据，相关研究在前文和第 6 章都有讨论。这些研究没有讨论价格发现的日内演变或价格形成的效率及其与碳市场交易活动的关系。本研究将使用基于 EU-ETS 第二阶段的交易数据来讨论这些问题。

在从正常交易日（RTH）过渡到 AMC 期间，知情和不知情交易者的构成可能发生根本性变化[3]，因此，在分析碳排放许可市场时，可以采用以前的 AHT 研究中使用的一些方法。本章旨在回答以下问题：第一，交易活动对碳期货信息披露有何影响，是否对信息披露时间有影响？第二，碳期货的 AMC 期揭示了什么？第三，流动性是否影响碳期货市场的价格发现和信息效率？第四，交易活动对碳期货合约价格的信息效率有何影响？

本章对有关 AHT 价格发现研究的主要贡献在于，从可买卖的碳排放许可证交易这一独特的市场展开分析，EU-ETS 是世界上第一个基于 CO_2 排放权交易的市场，世界其他地区的政策制定者都在密切关注这一进程。它的成功与否将成为决定全球限制温室气体排放机制是否会引入全球排放权交易体系的因素。本书关于 RTH 和 AHT 期间价格发现日内演变的研究结果将有助于我们理解 EU-ETS 市场是否有效，以及它是否能够提供一个全球性的以市场为主导的减排方案，推动通过减少碳排放来解决全球变暖问题。

本书的贡献不仅补充了对市场微观结构的研究，而且研究结果可以为交易模式，尤其是履约买家的交易模式提供参考，监管机构也可以借此深入了解市场中使用的某些交易工具对交易过程的影响。此外，交易者于 AMC 期在欧洲气候交易所进行双边交易时，他们对与此相关的信息风险知之甚少，而本章的研究将有助于进一步了解相关风险。

本章的分析主要比较了 RTH 期和 AMC 期的不同时段对价格发现的影响。大多数市场微观结构研究表明，信息不对称性在日内阶段会降低。本书的研究前提是信息在 RTH 期和 AMC 期起作用。因此，研究第一步是采用 Huang 和 Stoll 的价差分解模型（spread decomposition model）分析不同时期的信息不对称水平，使用该模型可以获得每个时期的逆向选择成本和有效价差，预估的参数为开展本章的研究提供了基础。

本章的结果证明，AMC 期每分钟交易的合约比正常交易日更多。利用 Huang 和 Stoll 的价差分解模型可以进一步证明，AMC 期的信息不对称程度高于正常交易日每小时的任何其他时段；然而，正常交易日的价格发现份额最高，超过 71%。这并不奇怪，因为正常交易日有 10 h，而 AMC 交易只有 1 h。研究还发现，有证据表明，信息对价格发现的贡献是一个关于流动性的函数。事实证明，流动性较低的合约对价格发现的影响最大，尽管在很大程度上它们的信息效率相对低下。因此，对交易所交易许可证的分析结论在很大程度上与现有文献一致，即少量的交易活动可以产生不成比例的价格发现，并且流动性与信息效率相关。此外，与其他研究一样，交易量最少的工具对 AMC 期的价格发现贡献比例最大。总体研究结果表明，如 EU-ETS 这样的强制性总量管制和交易计划是减少碳排放的一种有效途径。EU-ETS 可以为引入一个强制性的以全球市场为主导的碳减排方案提供基础。

本章其余部分的结构如下：第 3.2 节讨论了分析的背景——ECX 的交易环境；第 3.3 节讨论了样本选取并描述了研究所使用的数据；第 3.4 节描述了所采用的经济计量方法，并介绍和讨论了实证分析的结果；第 3.5 节为本章小结。

3.2 ECX 的交易环境

采用实物交割的 EUAs 期货交易始于 2005 年 4 月，这些合同以季度为周期，每季度最后一个月到期（3 月、6 月、9 月和 12 月），直至 2013 年 6 月。2013—2020 年引入年度（12 月）交割的 EUAs 期货合约。欧洲气候交易所的每个碳排放许可证合约的交易标的是 1 000 t CO_2 排放权。交易系统是电子的、连续的，交易时间是英国当地时间周一到周五的 7：00—17：00。合约的到期日为交易月份的最后一个星期一，到期后 3 天内进行实物结算。2010 年，欧盟碳排放许可证占全球碳市场价值的 84% 以上，其中，约 73% 以期货合约的形式进行交易。ECX 平台是基于 EU-ETS 交易所的碳交易市场领导者，拥有超过 92% 的市场份额，包括为降低交易对手风险而在平台上注册的场外交易（Over the Counter，OTC）。12 月到期合约约占该平台每日交易的 76%。ECX 平台的全球领导地位吸引了欧洲以外的参与者。2009 年，该平台上约 15% 的交易量来自在美国注册的交易者。

ECX 平台上的碳金融工具（Carbon Financial Instruments，CFI）交易在洲际交易所欧洲期货交易所（Intercontinental Exchange Futures Europe）该平台上以电子方式完成。平台只能由会员访问，并且要求交易结果严格执行。平台上的所有交易订单及其相应的执行都是匿名的。电子执行的交易通过贸易登记系统（Trade Registration System，TRS）进行账户分配。

洲际交易所（Intercontinental Exchange，ICE）是ECX的所有者，其运营的大多数主要期货交易平台都有15 min的开盘前交易期，以便参与者在交易日之前提前挂单。因此，市场在6:45—7:00提前开放。这15 min期间ECX平台上几乎没有已执行交易的记录。在本研究采用的数据集所涵盖的10个月期间（2009年2—11月），交易所仅记录了12笔交易，总合约量为700份。交易从7:00到17:00在ECX平台上进行。据推测，官方认可的交易不允许超过这个时间点。但是，允许期货转现货交易（Exchange for Physical，EFP）和期货转掉期交易（Exchange for Swaps，EFS）的登记。EFP和EFS仅允许用于EUAs和CER期货合约，可以使用平台上称为ICEBLOCK的电子设备进行报告。交易所官方要求每笔交易在每个交易日正式交易结束后30 min内完成登记，但交易合同到期日除外。然而，ECX工作人员承认，在样本涵盖的期间里，交易所的EFP/EFS交易报告通常会持续到18:00前后。这些交易本质上是双边交易，理论上不需要经纪商来执行。

交易通常由买方登记，买方向卖方收取交易费用。然后，卖方通过确认交易来匹配交易（非交叉交易，Non-crossed Trade）。AMC期的EFP和EFS价格可能会超出RTH的波动范围（或超出前一收盘结算价的最大变动价格），因为价格在收盘后才会披露，但这一期间的交易需要在注册前获得ICE欧洲期货交易所合规部门（the ICE Futures Europe Compliance Department）的批准。最大价格偏差被固定为1.00欧元。

EFP/EFS交易允许在单笔交易中交易ECX EUA期货合约时提供对冲期权。具体来说，排放许可证的卖方成为ECX期货合约的买方，而排放许可证的买方成为ECX合约的相应卖方。EFP/EFS交易还允许用相应的ECX合约替代场外交易互换头寸（swap positions）。对于这些交易，在AMC期没有强制性的做市商报价。经纪人可以代表客户在ICE平台上执行这些交易，并且经纪人有严格的义务代表其客户获得最佳交易，这是他们的信托责任要求。

可以预期，AMC期的价差和相应的交易成本会大于RTH期。与RTH相比，AMC期间报告的日均交易量将非常低。然而，由于这些交易很可能由专业交易员执行，以在交易日结束时平衡其头寸，因此AMC期间每笔交易的交易量应高于RTH期间的交易量。因为满足最优投资组合平衡的绝对必要性胜过了低流动性和交易成本可能较高这两个缺点。

3.3 数据

3.3.1 样本选择

本章的分析采用了 ECX 平台的两个数据集。第一个数据集也是研究的主要数据集，包括 2009 年 2—11 月在 ICE 平台上的所有 ECX EUA 期货合约的日内逐笔交易。数据集包含日期、时间戳、市场标识符、产品描述、交易月份、订单标识符、交易标记（买入 / 卖出）、交易价格、交易数量、母公司标识符和交易类型。该数据集由伦敦 ICE Data LLP 直接提供，用于本书的学术研究。该数据集包含 ECX 上可用的 15 个 CFIs（期货合约和期货价差）。

第二个数据集是 2009 年 2—11 月的 ECX 期货数据。从这个数据集中，我们获得了每日结算价、每日最低价、每日最高价和每日首笔执行价。我们还从数据集中提取了每日交易量（所有交易类型）和每日加权平均价格。该数据集不包含第一个数据集中存在的期货合约价差的任何记录。

为满足以下条件，数据集中的 11 个 CFIs 被剔除：

（1）两个数据集都必须提供所选 CFI 2009 年 2—11 月的交易记录。

（2）由于本章中的分析是基于 RTH 期交易与 AMC 期交易的比较，因此 CFI 必须在两个时间段内都可进行 EFP 或 EFS 交易。

（3）在 2009 年 2—11 月的两个时间段内，CFI 还必须至少有 20% 的交易是在交易日进行的。

欧洲气候交易所分笔成交数据集包括交易发起者标识符，因此可以确定交易是买方还是卖方。然而，对于 AMC 交易来说，问题在于所有交易都被默认为买方发起的交易，因为这些交易通常由买方登记，然后买方向卖方声明。交易登记系统（TRS）根据提交的订单记录交易，如果订单匹配，则首先提交的订单是发起订单，其提交者成为交易发起者。但 AMC 交易注册的情况与此不同。因此，为了解决这一问题，勾选测试（Tick Test）被用于对 AMC 交易进行分类。为确保鲁棒性，将基于勾选测试的结果与基于正常交易日的实际交易所标识符代码的结果进行比较，两者结果非常相似。以高于现行交易中间价的价格进行的交易被归类为买方发起的交易，以低于现行交易中间价的价格进行的交易被归类为卖方发起的交易。如果当前交易和之前的交易价格相同，那么我们采用再向前一个的交易进行分类。Lee 和 Ready（1991）与 Aitken 和 Frino（1996）对卖空价规则的分析表明，卖空价规则的准确率超过90%，在某些情况下准确率水平低至74%。此外，样本中伦敦当地时间7:00之前记录的12笔交易被排除在最终数据集外。

3.3.2 样本描述

ECX平台是在EU-ETS中唯一登记收盘后交易的官方交易所，但是交易量非常少，在我们收集样本期间，平均每天有60笔交易，2 700份合约。样本中的合约占2009年2—11月该平台记录的收盘后交易总额的99.998%。与更成熟的金融和大宗商品衍生品市场相比，EU-ETS的交易量非常少。2009年2—11月，收盘后交易平均每天的交易额约为3 700万欧元，约占每日总交易额的14.58%。收盘后记录的交易仅限于格林威治标准时间17:00—18:00。正如Porter和Weaver所指出的，过去纳斯达克的大宗交易是在RTH期被执行后晚些时候（盘后）公布的。但这不适用我们的样本，因为交易系统是电子的，交易者可以在常规交易期的任何时间点实时输入交易。此外，EFP和EFS交易的双边性质决定了即使在交易时间段达成交易，市场也不知道这些交易，直到在ICE平台上登记后。交易获得的订单标识符代码说明交易在完成后被登记进系统的时间，这近似交易执行时间，此外，ICE平台上的订单只有在与相应的买入/卖出订单匹配时才会执行。

表3.1是常规交易和收盘后交易活动的汇总。结果显示了单个合约的日平均估计值和每个合约每天的全样本平均数。在本研究涵盖的211天中，交易量集中于一份合约（2009年12月到期）。本样本中约83%的AMC交易记录为2009年12月到期的期货合约，这在EU-ETS中并不罕见。我们在本书第5章中将讨论位于莱比锡的欧洲能源交易所（European Energy Exchange，EEX）的相同现象。Joyeux和Milunovich以及Mizrach和Otsubo也分别证实了欧洲气候交易所在第一阶段和第二阶段的不同时间的相同趋势。

表3.1 交易汇总

期货合约	收盘后交易				常规交易		
	交易数量	交易额/千欧元	合约量	交易日数百分比	交易数量	交易额/千欧元	合约量
12月9日	50.23	25 907	1 957.07	97.22	1 239.61	129 263	9 775.74
12月10日	5.66	4 603	328.18	90.28	142.33	46 571	1 674.24
12月11日	1.49	1 916	131.03	63.89	52.51	19 669	681.29
12月12日	3.18	4 214	267.79	79.63	84.65	19 769	1 279.83
12月12日	0.12	193	11.40	7.41	1.09	515	32.85

表 3.1 显示了欧洲气候交易所平台上交易的 5 个合约在收盘后和常规交易期的交易活动汇总。这些合约是所有符合收盘后交易条件的合约中交易量最高的合约。数据涵盖 2009 年 2—11 月的交易期间。该表估算了每日平均交易额、每日执行的合约交易数量、每日平均合约交易量和收盘后时期交易的天数百分比。常规交易时段为伦敦时间 7:00:00—16:59:59；收盘后交易时段为伦敦时间 17:00—18:00。

2009 年 12 月交割的期货合约交易量最多，平均每天有 50 笔收盘后交易（市值约为每天 26 000 000 欧元），而本样本中的其他 4 份合约平均每天约有 10 笔交易。较低交易合约的交易活动显示，与 2009 年 12 月合约最接近的交易合约（2010 年 12 月合约）急剧下降至平均每天约 6 笔交易。2013 年 12 月的合约在收盘后时期的平均交易记录不到 0.12 笔。由于交易活动水平极低，该合约和其他收盘后时期交易活动较低的合约在进一步分析中被剔除（本节中的交易活动分析除外）。本书引入 2013 年 12 月合约可以提供更准确的交易情况，但由于交易水平较低，无法将其进一步包含进本章的鲁棒性分析。

3.4 结果与讨论

3.4.1 交易量与波动率

图 3.1 描述了每 30 min 时段的平均日交易量和平均回报波动率。波动率计算方法为平台上每 30 min 回报的标准差，由于其他合约的交易周期差距较大，因此仅使用 2009 年 12 月到期的合约进行估算。欧洲气候交易所的交易呈现出倒“S”形，而不是现在常见的衍生品市场的“U”形图像。与以往的研究明显不同的一点在于，常规交易期最活跃的时段并不是开盘期。常规交易的收盘阶段和 1 h 的收盘后是欧洲气候交易所成交量最活跃的时期。事实上，每 30 min 最大的欧元交易量是在收盘后交易期的前 30 min 登记的。这一交易量在 AMC 交易时段的后 30 min 保持稳定，仅比前 30 min 减少了约 11.63%。如图 3.1 所示，波动率和交易量显示出高度的相关性（斯皮尔曼等级相关系数为 0.74），高水平的相关性与大多数股票交易平台的当前情况相一致（Barclay 与 Hendershott 讨论了纳斯达克的高相关性水平）。

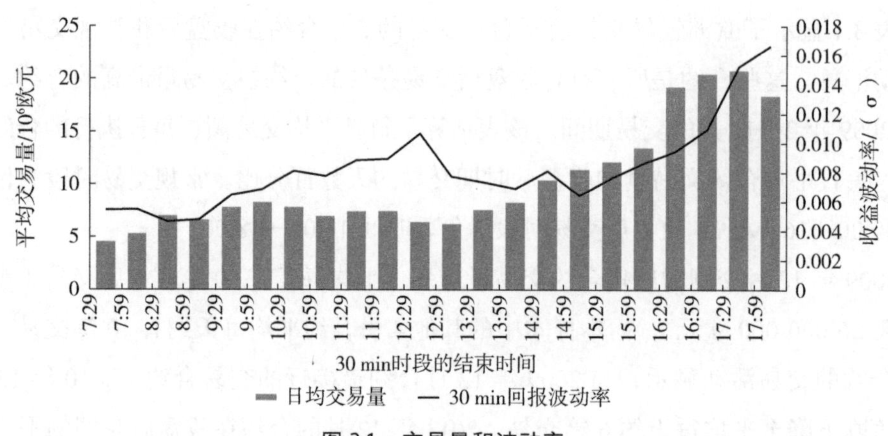

图 3.1　交易量和波动率

图 3.1 显示了在欧洲气候交易所平台上交易的 12 月到期合约（2009—2013 年）的常规交易期和收盘后时期每 30 min 的平均日交易量和波动性。本书研究数据涵盖 2009 年 2—11 月的交易期间，波动率计算为 30 min 合约回报的标准偏差。由于其他合约的交易周期存在较大差距，因此仅使用 2009 年 12 月的合约来估算波动率。常规交易时段为伦敦时间 7:00:00—16:59:59；收盘后时段为伦敦时间 17:00—18:00。

虽然欧洲气候交易所平台上的收盘后交易量与之前的研究不一致，但较大的收盘后交易额均值和中位数与之前的研究一致。使用对数度量是因为盘后交易量的变化很大。正如预期的那样，收盘后交易的平均数和中位数都出现了急剧的上升。在 AMC 交易的第一分钟，平均估值翻了接近两番，然后在 17:07 达到峰值，接近 95.5 万欧元。交易额在该时段的剩余时间内保持稳定。交易的最后 1 min 的平均值接近 60 万欧元，这差不多是 RTH 期任何时间点的最高平均估计值的 4 倍。

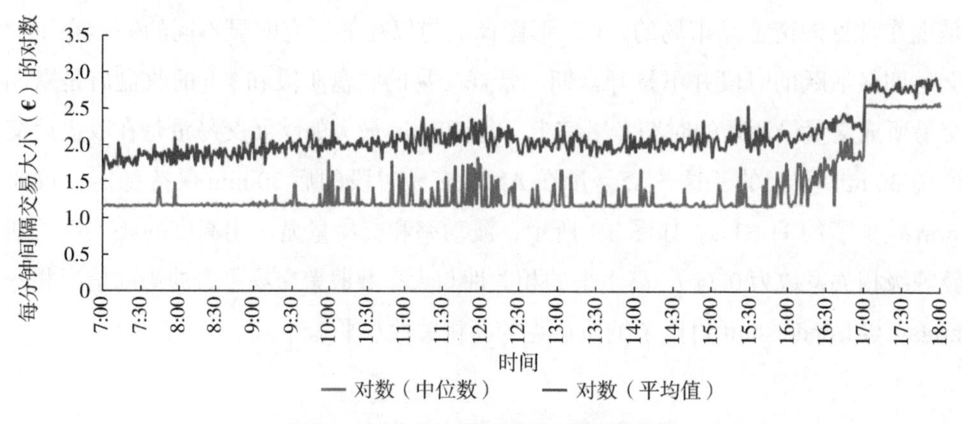

图 3.2　对数化的交易规模中位数和均值

图 3.2 显示了在 ECX 平台上交易的 12 月到期合约（2009—2013 年）在 RTH 和 AMC 时段的整个交易期间从 1 min 间隔计量的交易规模中位数和均值的对数值。该数据涵盖 2009 年 2—11 月的交易期间。RTH 时段为伦敦时间 7:00:00—16:59:59；AMC 时段为伦敦时间 17:00—18:00。

3.4.2 ATM 期间的交易动机：流动性还是信息差？

在 RTH 和 AMC 期，ECX 交易登记的规则没有明显的区别。但是，在 AMC 期间进行交易是一项特殊待遇，仅对有权使用 ICEBLOCK 的会员开放。因此，可以认为这一时间段的市场主要由执行自有订单或代表其客户行事的专业交易员组成。那么，接下来的问题是，交易为什么要留到那么晚的时间段？为什么一天中每分钟交易最大额是在这个时间段？明明 EFP 和 EFS 交易可以在一天中的任何时间登记，而且比仅 1 h 的 AMC 市场的时间限制要少。微观结构研究假设有两种主要类型的交易者，他们都面临特定风险（非系统性风险）：第一种是那些为了寻求流动性而进行交易的交易者，他们的目标是库存控制和投资组合再平衡（特别是在每个正常交易日结束时）；第二类交易者包括那些在交易时拥有不为市场其他人所知的私有信息的交易者。由于参与市场的动机不同，我们假设这两类交易者在 AMC 期的活跃程度也不同。

根据相关文献，在一个交易日内，信息不对称和资产估值中基本面估计的不确定性通常会降低。Barclay 和 Hendershott 指出，即使没有交易发生，一夜之间也会积累公开信息和私有信息。事实上，对于欧洲气候交易所来说，从收盘后市场结束到伦敦当地时间 6:45—7:00 的 15 min 预开盘之间有 12 h 45 min 的非交易时间，这一时间长于该平台提供的 11 h 15 min 的综合交易时间。可以肯定的是，一些类似碳 / 排放许可证或辅助市场的信息可能在非交易时间积累，因此可以预计早些时候的交易时间会出现高度的信息不对称，而且可以预计自此时间段到其后的正常交易时间，信息不对称会逐步下降。

此外，EU-ETS 是一个不同寻常的市场，气候变化科学领域的争议导致 EU-ETS 也经历了许多曲折。许多交易的目的是抵减市场参与者的排放量，因此，这些交易是基于有关预期排放水平的信息实现的。设备的生产水平决定了排放量，因此可以预计市场会有大量的知情交易，尤其是在收盘后期。可以预期的是更晚到期的合约的知情交易水平高于 2009 年 12 月到期的合约。排放许可证并不是全年任何时间段都可以上缴并抵减经核实的排放；因此，大多数交易更可能是基于风险对冲和投资组合多样化的需要，而不是为了上缴许可证抵消减排。从逻辑上讲如果排放许可证每年仅向主管部门上缴一次，那么收盘后交易不是绝对必要的，除非可以获得特别的益处。Uhrig-Homburg 和 Wagner（2009）在一项讨论 EUAs 现货和期货关系的研究中也提出了同样的观点。更重要的是，本样本中典型 EFP/EFS 交易的规模表明，这些交易主要是由机构和合规交易员发起的，他们也是交易所的结算成员。Kurov（2008）证明，指数期货市场中的机构交易者比其他类别的市场参与者能获得更多信息。这些原因导致人们预期，在 AMC 期，更大的价差和更高水平的知情交易将继续存在。此外，先前的研究表明，AMC 期的知情交易水平高于常规交易期间。

对于以寻求流动性为动机的交易，其动机与那些受私有信息影响的交易形成对比。根据 Brock 和 Kleidon（1992）的研究，与持有最优投资组合相比，隔夜持有次级投资组合的成本更高。这为那些没有在正常交易时间内最优化投资组合的市场参与者提供了在 AMC 期进行交易的足够动机，在 ECX、EFP 和 EFS 交易也提供了这种机会。

除可以预期在 AMC 期会有更高的知情交易外，我们还可以预计 RTH 期的前几小时会比 RTH 期的其他时间段表现出更高水平的信息不对称。这是由于我们在上面提到过的隔夜非交易时段的信息累积，虽然在收盘后时期有更高的 CFI 交易量，但由于一天中这一时间段的交易数量减少，流动性也将会减少。基于上述情况，我们可以假设 AMC 期的交易价差将大于 RTH 期的任何时间段。收盘后每笔交易的较高交易量表明，很大一部分交易是由信息引起的，因此，较大的价差补偿了做市商和不知情交易者与知情交易者交易的风险。

本章通过估计 RTH 期和 AMC 期不同时段的逆向选择信息成分和有效价差，研究 AMC 期间是否比正常交易日的其他时段有更高的知情交易水平和更大的价差。由于逆向选择成本是买卖价差的一个组成部分，因此使用 Huang 和 Stoll 的价差分解模型来估算不同时段的逆向选择成本。首先，在第 3.4.3 节我们先解释了一些先行理论，以及 Huang 和 Stoll 模型、Madhavan 等的交易指标模型；其次，我们解释了 Huang 和 Stoll 的模型是如何改进的。

3.4.3 逆向选择成本与价差分析

理解金融市场的微观结构至关重要。学术界有关市场微观结构的文献不断增多以深入分析其描述性特征，不少文献使用如买卖价差等指标来估算流动性。大多数研究市场流动性（以及在较小程度上的市场效率）的论文主要集中在价差方面。Daníelsson 和 Payne 指出了其中的几个原因。第一个原因是 20 世纪 80 年代有关不对称信息和持有成本文献的增多。基于这些研究，价差估计矛盾有所减缓。第二个原因是基于现有理论的价差成分的鲁棒估计的发展。此外，现有的微观结构数据库通常只包含价差信息，而其他衡量流动性所需的变量信息有待丰富。

Madhavan 等学者在先前研究的基础上，建立了一个包含微观结构影响和交易信息冲击修正的日内价格形成的结构模型。随后，Huang 和 Stoll 的模型（基于投资组合交易压力）调整了 Madhavan 等学者的模型，将交易价差完全分解为其所有组成元素。Huang 和 Stoll 提供了基本微观结构模型的两个扩展模型，其中一个是基于投资组合交易压力。本节简要推导了 Madhavan 等学者的模型以及 Huang 和 Stoll 基于投资组合交易压力的扩展模型。

3.4.3.1　Madhavan 价差分解模型

Madhavan 等学者的价差分解模型综合之前研究中发现和评估的几个微观结构影响因素。考虑到具有时间依赖价值的风险工具交易环境是一种“拍卖—报价”驱动的市场，做市商和提交限价单的交易者都可以在这个市场上提供流动性，因此，采用任何一种机制的流动性提供者都会给出他们希望执行的交易的买入价和卖出价，在这些报价内执行订单被认为是合理的。

将 P_t 表示为所述风险资产在时间 t 的交易价格，该风险资产的价值随时间不断变化。此外，设 x_t 是虚拟变量，表明交易是买方发起的还是卖方发起的（如果是买方发起的则为 +1，如果是卖方发起的则为 −1）。如果交易被认为是买方和卖方共同发起的，那么 x_t 的值为 0。用 λ 表示交易发生在报价价差内的无条件概率：$\lambda = Pr[x_t = 0]$。同样的，假设买入和卖出交易可以近似同概率发生，使得 $E[x_t] = 0$ 并且 $Var[x_t] = 1-\lambda$。

以公开的公告形式发布的新信息可能会使市场参与者调整了先前的结论，即使没有导致任何交易，已经公开的公告也可能会改变交易者之前的观点，甚至导致交易暂停。假设 ε_t 表示在时间间隔 $t-1$ 和 t 之间由新公开信息而导致的信念变化，并且假设 ε_t 符合 $E[\varepsilon_t] = 0$，$Var[\sigma^2]$ 的独立同分布。此外，做市商面临逆向选择成本，从而导致公布的买入或卖出订单偶尔向上和向下调整。对观点的再考虑被认为类似不相关的订单流。有研究认为对观点的回顾与订单流的创造呈正相关。由订单流导致的持有信念的改变可以表示为 $\theta(x_t-E[x_t|x_{t-1}])$，其中 $x_t-E[x_t|x_{t-1}]$ 表示订单流冲击，$\theta \geqslant 0$ 量化了“订单流创造”的永久效应分量，这就是不对称信息参数。大量研究表明订单流创造导致的信念可表示为大于或等于 0 的 θ。Madhavan 等学者关于订单规模固定的假设与之前的研究一致。

用 μ_t 来表示基于公开信息和交易类型（买方或卖方发起）的资产价值的预期估计值。那么，上文中提到的持有信念的变化就等于信念调整的总量，这是公开信息和订

单流创造的结果，因此交易后资产的预期价值可以写为

$$\mu_t = \mu_{t-1} + \theta(x_t - E[x_t \mid x_{t-1}]) + \varepsilon_t \tag{3.1}$$

Madhavan、Glosten 和 Milgrom 都认为，买价（bid price）和卖价（ask price）分别是由卖方发起的交易和买方发起的交易决定的。因此，在时间 t 的交易前卖价被表示为 p_t^a，类似地，买价被表示为 p_t^b。如前所述，做市商报价的目的是当他们给市场提供所需的流动性时获得相应的流动性补偿。用 $\varphi \geqslant 0$ 表示做市商因提供流动性而产生的单位资产成本。做市商支付交易成本、库存成本和逆向选择成本的补偿为 φ。从而，基于虚拟变量 x_t 等于 +1 的价格（卖价）可以表示为 $p_t^a = \mu_{t-1}+\theta(1-E[x_t \mid x_{t-1}])+\varphi+\varepsilon_t$。在确定卖价后，买价可以表示为 $p_t^b = \mu_{t-1}+\theta(1+E[x_t \mid x_{t-1}])+\varphi+\varepsilon_t$。参数 φ 概括了订单流对价格的瞬时冲击。订单在买价和卖价之外及之间执行。这里的一般假设是交易以中间价执行：$(p_t^a+p_t^b)/2$。然后，交易价可以被计算为

$$p_t = \mu_t+\varphi x_t+\xi_t \tag{3.2}$$

ξ_t 是一个独立同分布随机变量，其均值为 0。ξ_t 概括了由于价格分化或收益波动而导致的随机舍入误差的影响。应该注意的是，由于倾向于在买入时向上取整，在卖出时向下取整，很可能存在 ξ_t 均值与 0 有偏差。做市商成本中的 φ 反映了这种差异。

应注意的是，在式（3.2）中，μ_t 是基于 x_t 的条件均值。尽管做市商的买价和卖价是在交易开始或结束之前确定的，但 Madhavan 等学者认为这些价格仍取决于尚未观察到的交易信号。买入订单以卖价执行，卖出订单以买价执行。在确定这些价格时，做市商必须将与交易相关的成本（φ）计入报价。根据这一推断，交易信号已经被包含到时间 t 的订单执行 / 交易价格中。现在，根据式（3.1）和式（3.2），可以推断出：

$$p_t=\mu_{t-1}+\theta(x_t-E[x_t \mid x_{t-1}])+\varphi x_t+\varepsilon_t+\xi_t \tag{3.3}$$

然后，可以通过设计订单流的时间函数来估算式（3.3）。Madhavan 等学者假设交易开始变量遵循一般马尔可夫链。γ 表示以卖价（买价）执行的交易之后出现以买价（卖价）执行的交易的概率分布，表示为 $\gamma=Pr[x_t=x_{t-1} \mid x_{t-1} \neq 0]$。为了便于执行，大宗交易商通常会将订单拆分为较小的数量。可以理解为这样一种假设，即订单更有可能在表达意向之后维持不变而不是在冲正之后。因此，$\gamma>1/2$。其他与交易所交易机制有关的因素也可能是造成这种做法的原因。

接下来用 ρ 表示交易开始变量的一阶自相关系数。这可以表示为 $\rho = \frac{E[x_t x_{t-1}]}{Var[x_{t-1}]}$，然

后可以证明 $\rho=2\gamma-(1-\lambda)$，这一订单流构成的自相关 ρ 就是 γ 和 λ 的扩展函数。当报价内交易的可能性（λ）为 0 且 $\gamma=1/2$（γ 独立）时，订单流不存在自相关（$\rho=0$）。

Madhavan 等学者给出了式（3.3）的一种转换，这样它就可用于分解价差构成。他们替换掉了滞后一期的观点（之前的观点）μ_{t-1}。在 $\mu_{t-1}=p_{t-1}-\varphi x_{t-1}-\xi_{t-1}$ 且 $E[x_t|x_{t-1}]=\rho x_{t-1}$ 的条件下，式（3.3）可以写成

$$p_t-p_{t-1}=(\varphi+\theta)x_t-(\varphi+\rho\theta)x_{t-1}+\varepsilon_t+\xi_t-\xi_{t-1} \tag{3.4}$$

当市场存在摩擦时，在应用式（3.4）时，交易价格变化将证明存在由于市场低效和公共信息冲击而产生的订单流。然而，当市场上没有摩擦时，式（3.4）则代表了遵循经典随机游走的有效市场。

3.4.3.2　Madhavan 价差分解模型估算

基于 Madhavan 等学者的模型，可以得出结论，市场在交易价格和报价方面的功能受到 4 个参数的影响：不对称信息参数（θ）、做市商提供流动性的成本参数（φ）、在报价范围内发生交易的概率参数（λ）和订单流自相关参数（ρ）。

根据 Madhavan 等学者的研究，可以使用由 Hansen 标准化的广义矩方法（GMM）估计量来估计参数向量 $\beta=(\theta,\ \lambda,\ \varphi,\ \rho)$。GMM 是比其他估计方法（如最大似然法）更合适的选择，因为不要求假设数据生成的随机性。它还允许对自相关和条件异方差的结构进行调整。该模型具有 5 个矩条件，具体确定参数向量 β 和漂移项（常数）α：

$$E\begin{pmatrix} x_t x_{t-1}-x_t^2\rho \\ |x_t|-(1-\lambda) \\ \mu_t-\alpha \\ (\mu_t-\alpha)x_t \\ (\mu_t-\alpha)x_{t-1} \end{pmatrix}=0 \tag{3.5}$$

第一个条件规定了报价中的一阶自相关，第二个条件是对交易发生在中间报价的概率，第三个矩条件是对作为平均资产定价误差的漂移项的期望，最后两个矩条件遵循最小二乘法（OLS）估计的标准形式。在 GMM 估计下，计算参数向量以确保执行总体矩的采样，使得样本可以基于特定的加权矩阵来最好地估计总体矩，该加权矩阵的选择是不相关的。Hansen 验证了 GMM 参数向量估计的渐近正态性和相合性。

3.4.3.3　Huang 和 Stoll 基于投资组合交易压力的三向价差分解模型

这种方法基于持有成本引起的报价变动不是由一种金融工具（目标工具）的库存变动引起的，而是由投资组合中持有的其他工具以及目标工具共同引起的这一观点。这是一种分解价差的投资组合方法。它基于这样一种假设，即不利信息与个别工具有

关，但库存冲击与整个投资组合有关。在采用这种方法时，我们假设样本中“流动性供应商”执行 ECX 交易。这不应被解释为做市商的交易，而是由参与者执行的交易，其行为提供了市场中所需订单的可用性。这些订单有助于提高市场流动性，并且由于它们是提交给限价订单簿的限价订单，它们还施加了类似做市商的定价限制。这是一种简化的市场观点，已被一些微观结构研究所采用。事实上，Huang 和 Stoll 建议通过指定做市商以外的特定投资组合来改进他们的方法，例如，专业投资组合或使用限价单的交易员（如本章研究中使用的数据）。

假设一名流动性供应商以投标报价购买工具 x，这笔交易将降低该工具以及其他相关工具的买价和卖价，并且相关工具的出售对冲了该供应商在购买工具 x 中的头寸。相反，假设其他工具受到交易压力的限制，如果流动性供应商的目的是对冲其购买其他工具的头寸以刺激工具 x 的销售，则流动性供应商可以选择不降低工具 x 的报价。这种方法承认存在这样一种可能性，工具 x 的报价驱动因素不仅限于其库存冲击和相关信息。具体而言，由于流动性供应商努力保持其投资组合的平衡，其他工具的交易压力会导致工具 x 的报价发生变化。

3.4.3.4　简化模型

假设没有交易成本，在时间 t 买家和卖家报价之前，将金融工具的隐藏核心价值确定为 V_t，报价中间价表示为 M_t，仅在报价发布时计算。假设在时间 t 的交易价格为 P_t，Q_t 是交易价格为 P_t 时的购买 / 销售指标变量。如果交易由买方发起并且以高于中间价的价格执行，则 Q_t 为 +1；如果交易由卖方发起并且以低于中间价的价格执行，则 Q_t 为 −1；如果交易以中间价执行则最终取值为 0。隐藏核心价值 V_t 建模如下：

$$V_t = V_{t-1} + \alpha \frac{S}{2} Q_{t-1} + \varepsilon_t \tag{3.6}$$

S 是恒定价差（constant spread），α 是由于逆向选择成本导致的半价差的百分比，而 ε_t 表示连续不相关的公共信息冲击。式（3.6）将交易成本 V_t 分解为两个要素。第一部分是从之前的交易中发现的私有信息要素 $\alpha \frac{S}{2} Q_{t-1}$。第二部分是 ε_t 表示的公共信息要素。尽管隐藏核心价值 V_t 纯粹是理论上的，但价差的中点 M_t 是可观察的。流动性供应商的目标是实现库存均衡，因此，他们通过调整报价来影响均衡诱导交易（因此产生了中间价格及其演变）。这些调整是根据交易工具的核心价值进行的，而这些工具受他们的库存水平影响。假设之前交易的常规规模为 1，则与核心工具价值相关的中点（中间价格）为：

$$M_t = V_t + \beta\frac{S}{2}\sum_{t=1}^{t-1}Q_i \tag{3.7}$$

β 是因库存成本而产生的半价差的大小，$\sum_{t=1}^{t-1}Q_t$是从开市到时间 t-1 的总库存量，Q_1 是该交易日的初始库存。如果没有库存持有成本，则 V_t 与 M_t 的比率将为 1。由于已经假设价差是恒定的，因此式（3.7）对于买价、报价和中间价都适用。

首先，式（3.7）和式（3.6）的差分表明，报价通常因库存成本和最后一笔交易所披露的信息而调整。具体来说，有

$$\Delta M_t = (\alpha + \beta)\frac{S}{2}Q_{t-1} + \varepsilon_t \tag{3.8}$$

其中，Δ 为第一差分算子。

式（3.9）基于恒定价差的假设：

$$P_t = M_t + \frac{S}{2}Q_t + \eta_t \tag{3.9}$$

其中，η_t 是误差项，它包含了可观测的半价差 P_t–M_t 与恒定半价差$\frac{S}{2}$的偏差，同时还包含了四舍五入导致的价格离散性。交易价差的估计值 S 与观测值 S_t 是不同的，因为它代表的是中点以外但在价差内的交易。在报价价差内且在中点以上执行的交易被视为卖价交易，在价差内且在中点以下执行的交易被视为买价交易。当 S 已经完成估计时，它将大于有效价差，有效价差是交易价格减去当时的中点的绝对值 $|P_t–M_t|$。这是由于估算中排除了中点交易（Q_t=0）。与此相反的是，从交易价格的序列协方差中获得的未观察到的估计价差 S 受到中点交易量的影响。尽管 Harris（1990）认为 Roll 的价差估计值可能存在显著偏差。

对式（3.8）和式（3.9）进行整合，得到基本回归模型（3.10）：

$$\Delta P_t = \frac{S}{2}(Q_t - Q_{t-1}) + \lambda\frac{S}{2}Q_{t-1} + e_t \tag{3.10}$$

其中，$\lambda = \alpha+\beta$，$e_t = \varepsilon_t + \Delta\eta_t$。回归模型（3.10）是一个具有方程内约束的非线性指标变量模型。估算的要求是表明在 t 和 t–1 的交易是否以买价、卖价或中间价执行。该模型估计得到交易价差 S 和报价对价差的总修正$\lambda\left(\frac{S}{2}\right)$。估算式（3.10）不能得到逆向选择构成 α 和库存持有构成 β 的独立估计值，然而，不归因于逆向信息或库存持有的半价差比例可以被估计为 1–λ，即订单处理成本估算。

3.4.3.5　基于投资组合交易压力的模型扩展

由于在式（3.7）的模型中，库存调整是基于持有的单个工具库存，因此式（3.10）没有考虑常规交易压力的影响。下一步是区分不同工具的交易标志。对于工具 k，式（3.7）可变为

$$M_{k,t} = V_{k,t} + \beta_k \frac{S_k}{2} \sum_{t=1}^{t-1} Q_{Ai} \tag{3.11}$$

其中，$Q_{A,t}$ 是总买卖指标变量，定义如下：

$$\begin{aligned} Q_{A,t-1} &= 1, \sum_{k=1}^{n} Q_{k,t-1} > 0 \\ Q_{A,t-1} &= -1, \sum_{k=1}^{n} Q_{k,t-1} < 0 \\ Q_{A,t-1} &= 0, \sum_{k=1}^{n} Q_{k,t-1} = 0 \end{aligned} \tag{3.12}$$

其中，n 是流动性供应商为确定市场情绪而参考的金融工具数量。因此，等式（3.11）可写为

$$\Delta P_{k,t} = \frac{S_k}{2} \Delta Q_{k,t} + \alpha_k \frac{S_k}{2} Q_{k,t-1} + \beta_k \frac{S_k}{2} Q_{A,t-1} + e_{k,t} \tag{3.13}$$

式（3.13）仍然是一个指标变量模型，在没有投资组合交易效应 / 摩擦的情况下，它又回到式（3.10）。然而，一个关键的区别是，式（3.13）可以将买卖价差的所有价差构成都单独估算出来。

可以使用对正交性条件进行适当调整后的 GMM 方法来估算式（3.13）。与最大似然法不同，GMM 对分布的要求相对较弱[4]。此外，有必要校准估算中涉及的所有工具的交易时间。在本节中，我们对为确保这种校准而采用的步骤进行了分析。

可以对式（3.13）进行计量经济学改进，以控制不同工具之间的相关性。由于所有工具都会受到公共领域信息的影响，因此 $e_{k,t}$ 中的公共信息效应可能在所有工具中同时相关。根据作者的观点，式（3.13）的面板估计可能更有效；但是，面板估计强制减少了观察点的数量，用时间序列估计得出的推论与面板估计推论基本相同。

基本而言，这种模型下市场参与者在执行股票的库存调整时采用投资组合的观点，因此它也与 Ho 和 Stoll 的模型相关，该 Ho 和 Stoll 模型显示了一只股票的报价变化与其他股票的同期变化之间的联系。Ho 和 Stoll 指出，对股票 b 的交易做出反应的股票 a 的报价变动取决于 $COV(R_a, R_b)/\sigma^2(R_b)$。该模型已由其他几项研究证实。van Ness 等认为 Huang 和 Stoll 模型在测量逆向选择成本方面优于其他常用模型。但是，这一

模型的“优势”也是有代价的。一些研究者提出，当使用交易反转概率法代替交易压力法时，有可能从该模型估计中获得不可靠的估计。例如，Clarke 和 Shastri 分析了纽约证券交易所 320 家公司的样本，指出了这个问题，van Ness 等也指出了类似的问题。交易反转的低概率与不可靠的估计之间似乎存在关联。在本章中，我们只对交易总量估计进行了分析，没有证据表明该问题的存在，尤其是因为这些估计结果与 Benz 和 Hengelbrock 使用 Madhavan 等模型做出的估计结果相当。

式（3.13）可简单表示为

$$\Delta P_{k,t}=\beta_{1,k}Q_{k,t}+\beta_{2,k}Q_{k,t-1}+\beta_{3,k}Q_{A,t-1}+e_t \tag{3.14}$$

其中，$\Delta P_{k,t}$ 是前一次保留交易后的价格变化，当合约 k 在 t 期间的交易是流动性供应商卖出（买入）时，$Q_{k,t}$ 等于 1（或 -1）；$Q_{A,t-1}$ 是总买卖指标变量，用于表示对市场参与者库存水平的投资组合交易压力。它的测量方法如式（3.12）所示。可以使用 Heflin 和 Shaw 所采用的普通最小二乘法通过估计式（3.14）来计算逆向选择成本要素和半价差。

本研究沿用了 Huang 和 Stoll 的方法，即在确定式（3.14）中的变量时，仅采用每 5 min 时段的最后一笔交易。[8]Huang 和 Stoll 注意到，大宗交易有时会被拆分并登记为小型交易。为了解决由此可能产生的问题，他们采用了一种“捆绑”技术，即在 5 min 内以相同的价格和相同的报价进行的交易被捆绑在一起，并被视为一笔交易。他们指出，采用每 5 min 计算一次交易的方法大大减少了大宗交易被拆分并登记为小型交易可能产生的问题。本研究中也采用了这样的每 5 min 计算一次交易的方法。其他学者如 Heflin 和 Shaw 同样采用过这种方法。此外，Huang 和 Stoll（1997）从“捆绑”技术得到的结果表明，该方法增强了逆向选择要素估计。如式（3.14）所示，$\beta_{1,k}$ 估计值是有效价差估计值的一半，逆向选择构成等于 $2(\beta_{2,k}+\beta_{1,k})$。对于 RTH 期和 AMC 期之间差异水平的统计推断使用 Wilcoxon–Mann–Whitney U 检验方法。

表 3.2 的面板 A 报告了每个合同和时段下有效价差的逆向选择成本成分的估计值，还反映了这些时段的绑定合约平均值。研究结果在很大程度上支持了 RTH 中信息不对称逐渐降低的假设。在 RTH 中，信息不对称在较早的时段中最高，总体来说，在 7:00—11:00 最高，高于 RTH 的其他任何时段。正如预期的那样，收盘后存在高度的信息不对称，这支持了那些在盘后市场上交易的人是基于私有信息进行交易的观点。根据第 3.4.2 节的解释，这个市场的独特性使人们相信情况确实如此。该结果也与早期的研究一致，即 AMC 期的知情交易水平高于 RTH 期。AMC 期所有合约的平均逆向选择成本接近正常交易日（7:00—17:00）的 12 倍。这意味着参与者在 AMC 市场环境中

利用私有信息进行交易的可能性明显高于 RTH 期。虽然对信息不对称的研究是在一个相对不太活跃且相当不寻常的市场中进行的，但在 RTH 期的逆向选择成本和半有效价差的估计值与之前的大多数研究的估计值相当。

面板 B 给出了有效的半价差估计值。结果证实了 AMC 期的价差比 RTH 期的价差更大的假设。RTH 期的结果也与 Benz 和 Hengelbrock 采用 Madhavan 等的模型获得的结果相当，他们估计了在 EU-ETS 的第一阶段 ECX 的半价差。在交易的前 2 h，价差通常高于 RTH 期的任何其他时段。所有的半有效价差估计值都具有统计学意义。

表 3.2　按时间段划分的信息不对称和半价差

时间段	正常交易日						AMC
面板 A：逆向选择成本							
合约	7:00—9:00	9:00—11:00	11:00—13:00	13:00—15:00	15:00—17:00	07:00—17:00	17:00—18:00
2009 年 12 月	0.016	0.036	0.012	0.001	0.002	0.014	0.411
2010 年 12 月	0.044	0.024	0.024	0.032	0.000	0.022	0.403
2011 年 12 月	0.049	0.083	0.047	0.028	0.032	0.053	0.511
2012 年 12 月	0.084	0.062	0.058	0.080	0.036	0.063	0.489
总计	0.048[a]	0.051[a]	0.035[a]	0.035[a]	0.017[a]	0.038[a]	0.453
面板 B：半价差估计							
合约	7:00—9:00	9:00—11:00	11:00—13:00	13:00—15:00	15:00—17:00	07:00—17:00	17:00—18:00
2009 年 12 月	0.026[b]	0.023[b]	0.025[b]	0.017[b]	0.017[b]	0.021[b]	0.235[b]
2010 年 12 月	0.045[b]	0.025[b]	0.032[b]	0.020[b]	0.018[b]	0.027[b]	0.239[b]
2011 年 12 月	0.050[b]	0.057[b]	0.042[b]	0.038[b]	0.025[b]	0.041[b]	0.324[b]
2012 年 12 月	0.072[b]	0.051[b]	0.083[b]	0.057[b]	0.038[b]	0.056[b]	0.348[b]
总计	0.048[a]	0.039[a]	0.045[a]	0.033[a]	0.024[a]	0.036[a]	0.286

注：[a] 合约估值与 AMC 显著不同的正常交易日时段。

[b] 1% 水平的价差估计值具有统计学意义。该数据涵盖 2009 年 2—11 月的交易期间。正常交易日时段为伦敦时间 7:00:00—16:59:59，AMC 时段为伦敦时间 17:00—18:00。

表 3.2 选择了 ECX 平台上 4 个交易量最高的 12 月到期合约，面板 A 显示了逆向选择成本，面板 B 是半有效价差。逆向选择成本和半价差均使用合约特征模型和自相关一致协方差（HAC）的普通最小二乘法进行估算：

$$\Delta P_{k,t} = \beta_{1,k} Q_{k,t} + \beta_{2,k} Q_{k,t-1} + \beta_{3,k} Q_{A,t-1} + e_t$$

其中，$\Delta P_{k,t}$ 是前一次保留交易后的价格变化，当合约 k 在 t 期间的交易是流动性供应商卖出（买入）时，$Q_{k,t}$ 等于 1（或 -1）；$Q_{A,t-1}$ 是总买卖指标变量，用于表示对市场参与者库存水平的投资组合交易压力，当所有四个合约的 $Q_{k,t-1}$ 之和为正（负、零）时，$Q_{A,t-1}$ 等于 1（-1,0）。面板 A 中每个时段的逆向选择成本构成如下：

$$2(\beta_{2,k} + \beta_{1,k})$$

面板 B 中每个时段的半有效价差为 $\beta_{2,k}$。采用成对的 Wilcoxon–Mann–Whitney U 检验计算每个不同合约正常交易日时间段与 AMC 期之间的差异值 p。

3.4.4 ECX 的价格发现和信息吸收

市场微观结构文献已经确定，价格发现是交易活动的一个函数。第 3.4.3 节证明了 AMC 期的信息不对称的情况高于正常交易日，且价差也会变大。这意味着在 AMC 期，每小时的价格发现比例应该更高。Barclay 和 Hendershott（2003）对开盘—收盘期间研究的结果表明，在 RTH 期间，交易最少的工具贡献了更高的价格发现比例。表 3.1 显示，2011 年 12 月和 2012 年 12 月到期的合约的交易量最少，因此，可以预期它们在正常交易期间贡献了最高比例的价格发现。接下来，将研究交易活动水平如何影响这两个时期（以及不同的时间段）的信息整合。我们还通过计算不同时间的信息贡献率，考察知情交易分布与价格发现的相关性。我们使用两种价格贡献指标：加权价格贡献（WPC）和每笔交易的加权价格贡献（WPCT）。

3.4.4.1 加权价格贡献

之前的研究已经建立了加权价格贡献（Weighted Price Contribution，WPC）标准（表 3.3），本节将采用 WPC 标准作为价格发现的衡量指标，计算在 RTH 期的 5 个时间段和 AMC 期 1 个小时 EUAs 期货合约的 WPC。此外，还将推导出 RTH 期（伦敦当地时间 7:00—17:00）的总价格发现估计值。RTH 的截止时间是 17:00:00 整或 17:00:00 之前的最后一笔交易，AMC 期起始于 17:00:00 之后的第一笔交易。所采用的 WPC 标准估计了在对应期间内发生的 24 h（收盘到下一个交易日收盘）EUAs 合约价格变动比例的部分。

表 3.3　按时间段划分的加权价格贡献

合约	时间段							
	正常交易时间						AMC 期	价格零变化的日期
	7:00—9:00	9:00—11:00	11:00—13:00	13:00—15:00	15:00—17:00	7:00—17:00	17:00—18:00	
2009 年 12 月	−0.006[a]	−0.006	−0.02	−0.034	0.038	−0.028	0.003	0.019
2010 年 12 月	0.083[a,b]	0.038[a]	−0.027	0.04	0.059[a,b]	0.193[a,b]	−0.028	0.019
2011 年 12 月	0.051	0.015[a]	0.037[a]	0.042	0.084[b]	0.229[b]	0.081[b]	0.024
2012 年 12 月	0.084[b]	0.072[b]	0.029[a]	0.026[a]	0.109[b]	0.32[b]	0.23[b]	0.019
总计	0.212b	0.119	0.019	0.074	0.29[a,b]	0.714[a,b]	0.286[b]	0.019

注：[a] 合约相关的正常交易日时间段，在此期间的合约 WPC 与 AMC 期的 WPC 显著不同。

[b] WPC 在 5% 的水平上与 0 显著不同。该数据涵盖 2009 年 2—11 月的交易期间。正常交易日时段为伦敦时间 7:00:00—16:59:59；AMC 时间段为伦敦时间 17:00—18:00。

表 3.3 显示了 ECX 平台上 4 个成交量最高的 12 月到期合约的 6 个正常交易日时间段和 AMC 期的 WPC 的收盘至收盘回报。剔除了收盘至收盘回报等于 0 的交易日。最后一列是收盘至收盘回报等于 0 的天数的比例。最后一行的总计是该时间段内所有合约的 WPC 总和。用 Wilcoxon–Mann–Whitney（并列元素调整后）U 检验确定正常交易日时间段的合约相关值是否与 AMC 期有显著差异。每 24 小时周期以及每个子区间 k 的 WPC 如下：

$$\mathrm{WPC}_{k,c}=\left(\frac{|ret_c|}{\sum_{c=1}^{C}|ret_c|}\right)\times\left(\frac{ret_{k,c}}{ret_c}\right) \tag{3.15}$$

其中，$ret_{k,c}$ 是区间 k 和 EUAs 合约 c 的对数收益率。ret_c 是合约 c 的从一个交易日收盘到下一个交易日收盘的收益率。WPC 的原理是，$ret_{k,c}/ret_c$ 是合约 C 当天回报的相对比例的衡量指标，$\frac{|ret_c|}{\sum_{c=1}^{c}|ret_c|}$ 是 ret_c 的标准化绝对值，是每个合约的权重系数。它可以确保较小的 $|ret_c|$ 值被赋予较小的权重。由此公式计算出了每个合约的 WPC

及跨日平均值，这样可以获得每个合约的每个时段的 WPC。还可以得出所有合同的 WPC，其被定义为

$$\mathrm{WPC}_k = \sum_{c=1}^{C}\left({|ret_c|} \Big/ {\sum_{c=1}^{C}|ret_c|} \right) \times \left({ret_{k,c}} \Big/ {ret_c} \right) \quad (3.16)$$

通常情况下，首先是逐个计算每个工具的 WPC，然后得出所有工具的平均值。但是，这一方法的问题在于，由于收益率共同成分所导致的工具间存在相关性，使得采用平均 WPC 的统计推断非常复杂。由于 WPC 是针对每份合约单独计算的，所以并不需要担心这个问题，因此，用标准 t- 统计量来检验每日 WPC 值（每个时段和每个合约）与 0 没有显著差异的空值，也可以用 Wilcoxon–Mann–Whitney U 检验获得关于 RTH 期和 AMC 期之间差异水平的统计推断。

表 3.3 显示了 24 h 的 WPC 估计值（从一个交易日收盘到下一个交易日收盘）。结果表明，在整个交易期间，流动性最强的合约（2009 年 12 月）对价格发现的贡献最小。回顾表 3.1 的结果，价格发现的贡献是一个交易活动水平的函数。在此基础上，我们可以预计 2011 年 12 月和 2012 年 12 月到期的合同将是价格发现的最大贡献者。表 3.3 中的结果验证了这一预期：2012 年 12 月和 2011 年 12 月到期合约是所有交易期间价格发现的两个最高贡献者（分别为 55% 和 31%）。两者合计占整个期间价格发现总量的 86%。它们在整个 RTH 期（7:00—17:00）及 AMC 期间的贡献具有统计显著性。正如第 3.4.2 节中解释的，因为 EU-ETS 交易取决于与排放水平、环境立法和全球条约的政治及监管变化有关的信息。在这种情况下，持有 3 年后到期的合约仓位，其主要动机很可能是掌握有对对冲或投机行为而言利好的信息。

总体而言，大部分价格发现发生在 RTH 期的 10 h 内。然而，尽管执行的交易数量减少，但超过 1/4 的价格发现发生在 AMC 交易期间的 1 h 内（17:00—18:00）。另一个观察结果是，超过 21% 的收盘至收盘价格发现发生在 RTH 的前 2 h（7:00—9:00），有趣的是，所有时间的交易量中仅有约 18.90% 发生在这一时间段（图 3.1）。此外，超过 88.13% 的此类交易发生在 2009 年 12 月到期的合约中，该合约在此时段对价格发现的贡献很小。实际上，在我们的样本中发生在此时间段的 62 872 笔交易中，只有约 16.65% 的交易包含重要的价格信息。该结果与表 3.2 中结果的一致性，证明信息不对称性（RTH 时段）总体而言会从上午交易时段的高水平逐渐下降，这个结论很重要。因此，在非交易时段的 12.75 h 内存在信息积累的假设成立。如果是这样，预计

开盘期间的个别交易将比 RTH 期任何其他时间段的交易对价格发现的贡献更大。这里的预期不包括 AMC 期，因为尽管 AMC 期的每分钟交易量最高，但交易总量远低于 RTH 期。这意味着 AMC 期的交易可能与开盘一样具有信息量。我们将在第 3.4.4.2 节中验证这一假设。我们还观察到，在 11:00—13:00 时间段内，平均 WPC 最低。在图 3.1 中，这一时间段交易量的波动水平最高。高收益波动性和低 WPC 估计值提示在 RTH 期间价格发现过程中可能存在不成比例的噪声。在第 3.4.4.2 节中，我们将更仔细地研究这个问题。

3.4.4.2　每笔交易的加权贡献（WPCT）

RTH 期前 2 h（7:00—9:00）的高 WPC 估值，加上与其他时段相比的低交易水平，为预期该时段内每笔交易的高信息含量提供了依据。在此期间，逆向选择成本在 RTH 期也是最高的。因此，本研究对每笔交易的信息含量进行检验。如前所述，我们使用 WPCT 标准，即对每个交易时段（间隔）的 WPC 除以该时段（间隔）内执行的交易的加权比率进行处理。如果对于每一天，$t_{k,c}$ 是合约 C 在时间段 k 中执行的交易数量，并且 t_c 是所有时间段的 $t_{k,c}$ 的总和，则 WPCT_k 被定义为

$$\mathrm{WPCT}_{k,c}=\frac{\left(|ret_c| \Big/ \sum_{c=1}^{C}|ret_c|\right)\times\left(ret_{k,c}\Big/ret_c\right)}{\left(|ret_c| \Big/ \sum_{c=1}^{C}|ret_c|\right)\times\left(t_{k,c}\Big/t_c\right)} \tag{3.17}$$

由于该指标相当于同一时期内的总价格变动率与总交易量变动率的比值，如果所有交易都向市场传递相似水平的信息，则 WPCT 应约为 1。在统计推断中，我们用标准 t- 统计量来检验日 WPCT 值（每个时段和每个合约）统计上不显著异于 0 的原假设。我们也用 Wilcoxon–Mann–Whitney 检验获得关于 RTH 时间段和 AMC 期之间差异的统计推断。

表 3.4 显示了一个交易日收盘到下一个交易日收盘的 WPCT。结果表明，对于其中 3 个合约，开盘期间的交易比正常交易期间的任何时候都具有更高的信息水平。RTH 期间的一些估计值由于统计上不显著而显得较为杂乱。与表 3.2 和表 3.3 的面板 A 一致，从每份合约来看，到期日最远的合约即 2012 年 12 月合约，每笔交易中信息水平最高。同时，正如表 3.3 所示，15:00—17:00 的单个交易信息非常丰富，并且在

所有合同中具有显著的统计学意义。随着寻求流动性的交易量开始逐渐减少，这一时间段增加的 EFP/EFS 交易的知情交易效应更加明显。这意味着这一时间段的价格发现水平具有与 AMC 期相当的效率水平。我们将在第 3.4.5 节中检验这一点。本节的结果（表 3.3 和表 3.4）对支持 AMC 以及开盘 2 h 对价格发现过程非常重要。

3.4.5 价格发现过程的效率：逐期分析

在如 EU-ETS 平台这样交易量相对较小的市场中，由大量流动性引发的交易通常与随后会被逆转的短期价格效应相关。尽管 AMC 期的大额交易比例最高，但目前的结果表明，RTH 期的流动性驱动交易比 AMC 期更多。基于此，我们预计由于预期的价格反转，RTH 交易通常会比 AMC 交易有更多噪声。

但是，如表 3.2 中面板 B 有关 AMC 期所示，由于较大价差容易引起价格反转，因此也有人认为 AMC 期中可能存在明显的噪声交易。这里假设 RTH 期的信噪比低于 AMC 期。根据上述分析，我们还预计 2011 年 12 月和 2012 年 12 月到期的合约（样本中流动性最差的工具）在所有周期内总体而言具有较低的信噪比（噪声）。在第 3.4.4.1 节中，我们观察到，11:00—13:00 时间段的高波动水平和低 WPC 估计值可能表明存在噪声交易，这意味着该时段可能在所有 RTH 时间段中信噪比最低。我们用无偏回归来衡量价格效率，这涉及估算不同时间段的合约价格的噪声。

表 3.4　按时间段划分的每笔交易的加权价格贡献

	时间段							
	正常交易日						AMC	价格零变化的日期
合约	7:00—9:00	9:00—11:00	11:00—13:00	13:00—15:00	15:00—17:00	7:00—17:00	17:00—18:00	
2009 年 12 月	−0.12[a]	−0.15	−0.57	−0.68	0.63	−0.12	0.31	0.019
2010 年 12 月	2.54[a,b]	0.76[a]	−0.72	0.86[a]	0.78[a,b]	0.80[a,b]	−2.90	0.019
2011 年 12 月	1.96[b]	0.33	1.13[a]	0.83[a]	0.92[b]	0.93[b]	11.54[b]	0.024
2012 年 12 月	2.78[b]	1.75[b]	1.04[a]	0.63[a]	1.10[b]	1.34[b]	25.53[b]	0.019
总计	1.79[a]	0.67	0.22	0.41	0.86[a,b]	0.74[a,b]	8.63[b]	0.019

注：[a] 合约相关的正常交易日间隔，在此期间的合约 WPCT 与 AMC 期的 WPCT 显著不同。

[b] WPCT 值在 5% 水平上与 0 显著不同。该数据涵盖 2009 年 2—11 月的交易期间。正常交易日时段为伦敦时间 7:00:00—16:59:59；AMC 时间段为伦敦时间 17:00—18:00。

表 3.4 显示了 ECX 平台上 4 个成交量最高的 12 月到期合约的 6 个 RTH 正常交易日时间段和 AMC 期的 WPCT 的收盘至收盘回报。计算每天各个合约和时段 k 的 *WPCT*，然后计算平均值：

$$\mathrm{WPCT}_{k,c}=\frac{\left(|ret_c| \Big/ \sum_{c=1}^{C}|ret_c|\right)\times\left(ret_{k,c}\Big/ ret_c\right)}{\left(|ret_c| \Big/ \sum_{c=1}^{C}|ret_c|\right)\times\left(t_{k,c}\Big/ t_c\right)}$$

$t_{k,c}$ 是合约 C 在时间段 c 内执行的交易数量，而 t_c 是所有时间间隔的 $t_{k,c}$ 的总和。表 3.4 中剔除了收盘至收盘回报等于 0 的交易日，最后一列是收盘至收盘回报等于 0 的天数的比例。用 Wilcoxon–Mann–Whitney（并列元素调整后）U 检验确定正常交易日时间段的合约相关值是否与 AMC 期有显著差异。

使用等式（3.18）分别对每个合同每一天每个时间段（RTH 期每 60 min，AMC 期每 10 min）的回报进行预估，其中 ret_{cc} 是一个交易日收盘到下一个交易日收盘的回报，ret_{ck} 是从收盘到时段 k 结束时间的回报：

$$ret_{cc}=\alpha+\beta ret_{ck}+\varepsilon k \tag{3.18}$$

Barclay 和 Hendershott 认为，斜率系数 β 是定价过程中价格信号与噪声之比的衡量指标。考虑到变量标准误差的回归分析问题，假设合约收益计算精确且互不相关，则斜率系数等于 1。但是，如果我们假设无法观察到实际收益，且可观测到的收益实际上等于实际收益加上噪声。从这个意义上讲，噪声是指微观结构影响，如价差成分或价格反转效应。如果设想 $ret_{cc}=RET_{cc}+v$ 和 $ret_{ck}=RET_{ck}+u$，那么，考虑 RET_{cc} 和 RET_{ck} 作为实际收益，u 和 v 具有零均值，且各自的方差等于 u^2 和 v^2。等式（3.18）的普通最小二乘估计将得出估计的斜率系数 β^*，其中

$$\beta^*\xrightarrow{p}\beta\left(\frac{\sigma^2_{RET_{ck}}}{\sigma^2_{RET_{ck}}+\sigma^2_u}\right) \tag{3.19}$$

$\sigma^2_{RET_{ck}}$ 衡量了从上一次收盘到时间段 k 观测到的总信息含量，σ^2_μ 是在时间段 k 的价格噪声。斜率衡量了时间段 k 价格的信息含量（信号）与信号加噪声的比率。

具体而言，对每个合同每个时间段进行等式（3.18）的时间序列估计，得到每个合同的斜率系数估计值，并计算所有合约在每个时间段内的斜率系数均值。采用 Biais

等的方法，使用斜率系数估计平均值的时间序列标准误差来计算置信区间。正如 Biais 等所指出的，由于学习效应引起的非平稳性，在存在学习效应的情况下，金融收益的时间序列估计是有问题的。这将影响分析结果，尤其是当该效应部分基于盘后市场的学习。为了确保本分析不受虚假回归问题的影响，对单独回归中使用的每个时间序列变量进行单独的单位根检验。检验结果表明，这些变量是平稳的。针对各种情况，应用 Newey 和 West 的异方差和自相关一致协方差（HAC）矩阵估计，该估计在存在未知形式的异方差和自相关的情况下是一致的。从 HAC 估计中获得的结果与报告的结果基本相同。

图 3.3 显示了信噪比与置信区间的关系图。表 3.5 中也列出了 RTH 期和 AMC 期的两组面板的斜率估计值。一般假设认为，RTH 期的信噪比通常低于 AMC 期。在 RTH 期间，信噪比范围是从 0.37 到 0.78，在 AMC 中是从 0.61 到 0.92，这清楚地表明 RTH 期比 AMC 期噪声更大。Ciccotello 和 Hatheway 及 Barclay 和 Hendershott 分别发现，1996 年和 2000 年，纳斯达克开盘前存在的高信噪比在 RTH 期持续存在。2000 年，纳斯达克预开盘交易日均超过 200 万美元。相反，Biais 等发现巴黎证券交易所 1991 年信噪比很低，该市场正式开盘前没有交易。1991 年巴黎证券交易所允许在开盘前下单，但没有交易执行，因此没有交易量登记，尽管 RTH 开始前的最后 10 min 是一天中下单最活跃的时段。这些事实和结果进一步强调了人们普遍持有的一种观点，即交易量是有效价格发现的重要组成部分，特别是在像 EU-ETS 平台这样的淡市中。事实上，样本一天中交易最高的时段具有最高的信噪比。由于更接近收市，AMC 比 RTH 更有可能出现低信噪比，这一事实强化了上述观点。[7] 因此我们认为，更高的交易量与更高的价格效率相关联，并且这种关联在淡市中更为显著。

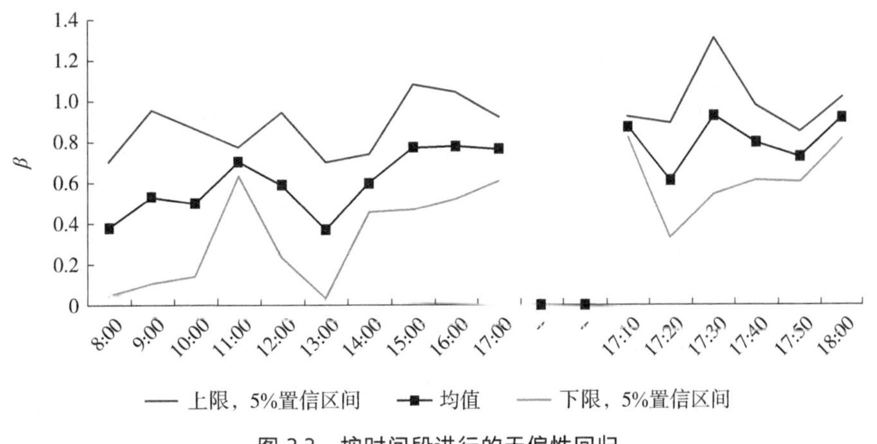

图 3.3　按时间段进行的无偏性回归

图 3.3 显示了在 ECX 平台上交易的 12 月到期合约（2009—2012 年）的 RTH 的整个交易期间和 AMC 的信噪比。对于每个合同使用普通最小二乘法和 Newey 和 West（1987）的 HAC，分别对每个时间段（RTH 为 60 min，AMC 为 10 min）估算以下等式，其中 ret_{cc} 是收盘至收盘的回报，ret_{ck} 是从收盘到时间段 k 结束时间的回报。使用斜率系数估计的时间序列标准误差来计算置信区间。

$$ret_{cc} = \alpha + \beta ret_{ck} + \varepsilon k$$

该数据涵盖 2009 年 2—11 月的交易期间。RTH 时段为伦敦时间 7:00:00—16:59:59；AMC 时间段为伦敦时间 17:00—18:00。

此外，我们对 11:00—13:00 价格发现过程的噪声的预期同样被证实。根据图 3.3，流动性较低的合约（2012 年 12 月、2011 年 12 月和 2010 年 12 月到期）一天中价格噪声最大的时间是在 13:00。这个时间段 2012 年 12 月到期的合约的置信区间下限是非常低的，仅为 0.054，这也突出了一个事实，即该合约中大部分交易都有噪声。这些估算表明，ECX 平台上的合约流动性越低，其价格出现噪声的可能性就越高。

RTH 和 AMC 的回归估计都是使用相同的收盘至收盘回报得到的，因此是相关的。这意味着使用图 3.3 和表 3.5 中的时间序列标准误差，AMC 和 RTH 之间的统计差异水平会有偏差。在对斜率系数之间的差异进行统计推断时，必须考虑这一同期相关性的水平。我们采用 Barclay 和 Hendershott 的方法，计算每天的 RTH 和 AMC 系数之间的差异，并使用该时间序列的标准误差来推断这两个时期之间的差异。本推断是基于平均差值与 0 显著不同。结果表明，AMC 的信噪比明显高于 RTH。

表 3.5　按时间段划分的无偏性回归

合约		8:00	9:00	10:00	11:00	12:00	13:00	14:00	15:00	16:00	17:00
面板 A：正常交易时间											
2009 年 12 月	估值	0.85	0.98	0.75	0.66	1.02	0.84	0.71	0.94	0.85	0.95
	标准错误	0.099	0.082	0.082	0.082	0.070	0.066	0.052	0.044	0.047	0.024
	t- 统计量	8.54[a]	12.01[a]	9.08[a]	8.14[a]	14.56[a]	12.73[a]	13.51[a]	21.39[a]	18.05[a]	38.91[a]
	调整 R^2	0.26	0.41	0.28	0.24	0.50	0.44	0.47	0.69	0.61	0.88
2010 年 12 月	估值	0.37	0.82	0.83	0.80	0.76	0.36	0.72	0.86	0.91	0.86
	标准错误	0.086	0.080	0.061	0.068	0.068	0.067	0.059	0.053	0.031	0.034
	t- 统计量	4.31[a]	10.18[a]	13.74[a]	11.79[a]	11.16[a]	5.35[a]	12.33[a]	16.39[a]	29.29[a]	25.02[a]
	调整 R^2	0.10	0.33	0.47	0.40	0.37	0.12	0.42	0.56	0.80	0.75

续表

合约		8:00	9:00	10:00	11:00	12:00	13:00	14:00	15:00	16:00	17:00
2011年12月	估值	0.09	0.20	0.38	0.71	0.37	0.21	0.42	0.98	0.97	0.63
	标准错误	0.050	0.063	0.074	0.065	0.065	0.061	0.062	0.044	0.040	0.056
	t-统计量	1.81	3.19[a]	5.12[a]	10.96[a]	5.70[a]	3.35[a]	6.67[a]	22.30[a]	24.22[a]	11.29[a]
	调整 R^2	0.01	0.04	0.11	0.36	0.13	0.05	0.17	0.70	0.74	0.38
合约	8:00		9:00	10:00	11:00	12:00	13:00	14:00	15:00	16:00	17:00
面板A：正常交易时间											
2012年12月	估值	0.20	0.12	0.03	0.65	0.21	0.054	0.55	0.31	0.39	0.63
	标准错误	0.043	0.065	0.017	0.067	0.063	0.064	0.057	0.060	0.059	0.059
	t-统计量	4.59[a]	1.81	2.00[a]	9.74[a]	3.40[a]	0.84	9.64[a]	5.23[a]	6.60[a]	10.62[a]
	调整 R^2	0.09	0.01	0.14	0.31	0.05	0.00	0.31	0.11	0.17	0.35

合约		17:10	17:20	17:30	17:40	17:50	18:00
面板B：收盘后							
2009年12月	估值	0.87	0.98	1.05	0.94	0.91	0.85
	标准错误	0.065	0.047	0.043	0.048	0.046	0.054
	t-统计量	13.30[a]	21.04[a]	24.43[a]	19.44[a]	19.62[a]	15.67[a]
	调整 R^2	0.46	0.68	0.74	0.64	0.65	0.54
2010年12月	估值	0.85	0.67	0.67	0.78	0.67	0.88
	标准错误	0.068	0.054	0.076	0.086	0.087	0.0753
	t-统计量	12.53[a]	12.35[a]	8.83[a]	9.01[a]	7.62[a]	11.66[a]
	调整 R^2	0.68	0.60	0.42	0.45	0.37	0.65
2011年12月	估值	0.95	0.47	0.85	0.93	0.70	1.07
	标准错误	0.171	0.083	0.12	0.071	0.172	0.067
	t-统计量	5.56[a]	5.63[a]	7.04[a]	13.10[a]	4.10[a]	15.91[a]
	调整 R^2	0.48	0.49	0.58	0.83	0.30	0.92
2012年12月	估值	0.83	0.32	0.68	0.54	0.63	0.87
	标准错误	0.093	0.082	0.0824	0.084	0.077	0.089
	t-统计量	8.88[a]	3.86[a]	8.28[a]	6.43[a]	8.13[a]	9.71[a]
	调整 R^2	0.58	0.18	0.51	0.37	0.47	0.68

注：[a] 在5%统计显著性水平上具有统计学意义。该数据涵盖2009年2—11月的交易期间。正常交易日时段为伦敦时间7:00:00—16:59:59；AMC时间段为伦敦时间17:00—18:00。

3.5 本章小结

根据Fama的观点，金融市场效率取决于可获得信息在确定金融工具价格时的融合程度。本章中，我们通过价格发现过程来推算EU-ETS的效率，分析了EU-ETS最大的交易平台上的日内价格发现过程，并测量了该过程的效率。本章提供了EU-ETS中CFI交易量与其对价格发现和信息效率的贡献之间的实证联系。分析表明，CFI的流动性越高，其有效交易的可能性就越高。流动性更强的工具的价格发现过程显示出与传统金融工具相当的效率水平。在频繁交易合约的正常交易日和AHT期间都是如此。这是EU-ETS成熟程度的一个重要标志。因此，EU-ETS的效率可以为引入全球强制性总量管制和交易计划提供基础。

ECX对AMC期EFP和EFS交易的交易登记限制使得市场上这一时段交易主要由专业交易员进行。在AMC期间交易EFP/EFS需要拥有平台账户。非会员必须保留一名结算会员才能在此时进行交易。样本中的EFP和EFS交易规模很大，超过81%符合大宗交易的条件（根据ECX对大宗交易的定义，即50手及以上的交易规模），这表明该机制基本是机构投资者、合规参与者和其他专业交易员的专属领地。Kurov对3个指数期货市场的分析表明，这些市场中61%～74%的价格发现来自交易所会员公司发起的订单，并且这一信息份额超过了他们交易的比例。因此，他们似乎是最知情的市场参与者。如表3.2所示，如果这类交易者在AMC市场期间的ECX碳期货交易中占主导地位，则结果与Kurov的发现一致。我们的结论是，AMC期存在更高水平的知情交易，并且交易频率较低的工具更有可能具有较高水平的知情交易，这也与Barclay和Hendershott的结论一致。

收盘时市场特征的巨大变化提供了关于盘后市场EFP/EFS交易对整体交易所交易排放许可市场内生影响的见解。AMC时段每分钟的合约交易量比RTH时段最大；但是，在此期间执行的交易总数的减少意味着每笔交易的信息量都非常大。知情交易水平在RTH时段内大约15:00点开始增加，随着收盘的临近而加速，并最终在AMC期间达到峰值。AMC期和正常交易日后半段时间的合约具有统计学上显著的高信噪比支持了这一观点。这一时间段的许多交易很大程度上都利用了私有信息。对AMC时段价格变动的限制反而使得这一点更加突出。

在本研究之前，没有研究关注EU-ETS上的EFP和EFS交易的意义。对全球最大的碳交易所中AMC时段这些交易的分析首次揭示了它们如何改变市场特征。

本研究对学术界最重要的贡献是发现了一个出乎意料的事实，即正常交易日的价格比 RTH 以外发现的价格有更多的噪声，但这只适用流动性较差的合约。与 AMC 市场相比，价格在正常交易日更有可能发生反转，这再次证实了 AMC 中知情 EFP/EFS 交易活动的高水平。

本研究结果对从业者和学者都会有启发。对于碳排放许可的履约买家来说，他们必须通过在市场上交易或减少排放来避免监管处罚，本研究结果可能会提高他们对 EU-ETS 的信心。履约买家可以更好地了解市场价格演变，并制定相应的碳交易策略，这包括不同碳期货工具和不同交易时期（和时段）之间的区别。

对于投资者来说，本研究为碳投资策略和有效的风险管理提供了实用性建议。投资者参与市场需要有一定可观的价格信号的保证。这对于资源的有效分配至关重要，而资源的有效分配反过来又会产生福利效应。通过证明流动性碳期货与传统的金融工具具有类似的信息效率水平，本章所述的研究可以达到这一目的。

越来越多的文献研究了欧洲碳交易市场，本研究填补了一些研究空白。EU-ETS 有可能成为建立全球市场主导的强制性碳减排系统的平台，这也使得在金融经济学领域开展对此的研究更为重要。

---

1. 本章内容基于 Ibikunle 等（2013）的研究。

2. ECX 的 AMC 期间仅限于期货转现货交易（EFP）和现货转掉期交易（EFS）。详见第 3.2 节的说明。

3. 根据 Admati 和 Pfleiderer（1988）、Madhavan 等（1997）、Foster 和 Viswanathan（1993）的研究，在传统市场中，正常交易日和跨日的变化都是小增量。

4. 该模型可以使用 ML 和 LS 进行估计，只要满足分布假设，或者可以使用估计模型［如 Newey 和 West（1987）的 HAC］进行说明。在本章中，我们和 Heflin 和 Shaw（2000）一样采用 LS 进行估计。

5. 对于 RTH，等式（3.14）是使用 ECX 在数据集中提供的交易分类，以及卖空价规则（Lee&Ready，1991）来估计的，这两种方法获得的估计值在数量上是相似的。还得到了 RTH 和 AMC 期的基于卖空价规则的结果。

6. van Bommel（2011）分析了价格发现的 3 个估计量，并确定 WPC 是一致的、而且是当价格过程遵循无漂移的鞅过程时价格发现的唯一无偏和渐近正态的测度方法。

7. 但是，Barclay 和 Hendershott（2003）在纳斯达克进行的另一项分析表明，这是不可能的。不过，这种可能性为交易量和价格发现效率之间的联系提供了额外的依据。

第 4 章
大宗排放许可证交易的价格冲击

Chapter 4

4.1 引言

由于 EU-ETS 是基于减少工业设施排放的目的而建立的，因此平台上很大一部分交易是机构交易（大多数机构交易以大宗交易形式进行）。考虑到 EU-ETS 的结构和目的，可以预期大型交易商将主导 EU-ETS 交易平台。但是，仔细分析交易活动可以看出，如果机构交易商在该平台上进行交易，他们会将交易规模控制在大宗交易以下，并在暗中进行交易（见第 3 章讨论），或者他们只使用 OTC 机制进行交易。OTC 交易是 EU-ETS 机构交易的主要渠道，据估交易规模占欧元价值的 70% 或 更 多（见 Rittler 2012）。

本研究旨在深入了解 EU-ETS 交易所逐步增加的大宗期货交易带来的影响。2005 年，大约 80% 的 EU-ETS 衍生品交易发生在 OTC，这些交易大多符合 ECX 对大宗交易的定义。整个第一阶段，即试验期（2005—2007 年），OTC 交易量逐步下降，平均约为总交易额的 70%。根据世界银行估计，到 2010 年 1 月（京都承诺期第二阶段：2008—2012 年），该体系中交易所内交易比例已达到 50%（见 Kossoy and Ambrosi 2010）。这一变化是由参与者需要避免交易对手风险这一在整个衍生品市场中已变得更为重要的问题推动的。

大宗交易的价格冲击已经在股票市场和最近的期货市场中得到了广泛的研究（见 Chou et al. 2011）。Kraus 和 Stoll（1972）第一个证明了大宗交易价格冲击。他们对这一现象产生原因提出了几个观点：由于交易对手不容易获得而导致价格让步，价格让步又产生了短期流动性效应；当工具不是彼此的完美替代品时从而产生价格让步，价格让步导致交易效率低下，进而影响价格；为了达成市场交易而给予价格优惠的想法凸显了对达成市场交易的渴望。这些因素向市场传递了订单对交易对手潜在价值的信息，因此订单成为信息驱动，进而影响价格。Holthausen 等（1990）在执行买方发起的大宗交易中发现溢价支付或价格优惠的证据。他们认为买家在大宗交易之前支付了溢价。因此，溢价被永久纳入价格，而在大宗销售中没有发现溢价支付的证据。Kraus 和 Stoll（1972）发现，大宗购买的价格冲击高于大宗销售的价格冲击，因为购买时的优惠或隐性佣金通常高于销售时的优惠或隐性佣金，这表明大宗销售确实存在溢价。他们的研究一个创造性贡献是发现了大宗交易与价格冲击之间的正相关关系。Chan 和 Lakonishok（1993）等的研究结果类似，他们还发现了市值（market capitalization）与价格冲击之间的关系。

Holthausen 等（1987）还研究了大宗交易对价格的影响，发现大规模交易比小规模交易的价格冲击更大。Barclay 和 Warner（1993）、Chakravarty（2001）及 Alzahrani 等（2013）也证明了订单规模和后续执行可能会对交易价格产生相应的影响。关于短期的价格冲击，第一个表明大宗交易价格效应不对称的研究是 Gemmill（1996）对伦敦证券交易所的研究，报告的价格影响幅度存在显著差异。Gemmill（1996）报告了伦敦证券交易所大宗交易对价格的永久性影响，对于买入的大宗交易，永久性影响相当于买卖价差的 33%，对于卖出的大宗交易，永久性影响相当于 17%。

与 Gemmill（1996）的观点一致，大多数关于买方和卖方发起的大宗交易的价格影响的研究都报告了两组之间的价格影响不对称（参见 Chiyachantana 等，2004；Chou 等，2011；Conrad 等，2001；Holthausen 等，1990；Keim 和 Madhavan，1996）。他们普遍认为，在执行大宗交易购买后，价格会升值，而在出售时价格会贬值。卖出交易执行后发生的贬值会发生反转，但买入大宗交易导致的升值会持续存在。Chan 和 Lakonishok（1993）认为，其原因是大宗卖出比大宗买入更有可能有经纪人（作为中介）。因此，卖出交易的暂时冲击反映了价格让步，这是对经纪人的补偿。因此，流动性对大宗买入和卖出之间的价格冲击不对称起着关键作用（另见 Gregoriou，2008）。

然而，尽管有大量关于传统市场大宗交易价格影响的文献，但据我们所知，尚未有对许可证市场中大宗交易价格冲击的研究。因此，我们试图使用该体系最大的平台 ECX 的 tick 数据来分析 EU-ETS 中价格冲击的决定因素，以了解大宗交易对这一重要市场的冲击。我们的研究结果显示出了与之前关于传统市场的研究不同的结果。对于永久和暂时的冲击，我们发现了几个大宗买入和卖出的价格冲击不对称的例子。与以前关于股票市场的文献相反，更大的价差导致较小的价格冲击。我们把我们的发现归因于这样一个事实，即价格上涨后执行的大宗交易对价格的影响较小，这与 Saar（2001）的结论一致。这意味着，与传统市场相比，EU-ETS 中的流动性问题在排放许可证定价中所起的作用较小。第 3 章中的研究结果支持了这一观点，表明少量交易导致 EU-ETS 中更大比例的价格发现。虽然流动性的短期改善是市场效率的一个重要因素（见 Chordia 等，2008），但不会削弱大宗交易对全球最大碳平台的价格影响。我们的研究结果对合规交易者和政策制定者都有意义。重要的是，在设计 EU-ETS 的未来阶段时，我们的研究结果可以提供参考。

本章其余部分的结构为 4.2 讨论 EU-ETS 机制和 ECX 的设置，并回顾了基于许可证交易的相关文献。4.3 概述了所使用的数据和计量经济学方法。4.4 讨论了实证分析，4.5 为本章小结。

4.2 研究背景

ECX 是世界上交易量和价值最大的碳交易所，2010 年，92% 的 EU-ETS 挂牌交易在该平台上登记，该年是 ECX 最具代表性的一年。ECX 是气候交易所集团（Climate Exchange PLC，CLE）的成员，该集团还曾包括芝加哥气候交易所（the Chicago Climate Exchange，CCX）（直到 2010 年）和芝加哥气候期货交易所（the Chicago Climate Futures Exchange，CCFX）（直到 2012 年）。CLE 管理着在洲际交易所平台（ICE 欧洲期货交易所）上市和交易的若干碳衍生工具的开发和营销。投资者和履约买家在 ICE 平台上交易 3 种不同类型的衍生品（期货、每日期货和期权），交易的标的物为 EUAs 或 CERs。

2005 年 4 月 22 日（星期五），2005 年 12 月到期的 ECX EUA 期货合约作为首批 CFI 在该平台上开始交易。除了 ECX EUA 期货合约，还有其他 CFI。2006 年 10 月 13 日推出 EUAs 期权合约，2008 年 3 月 14 日（星期五）推出到期日为 2008 年 12 月的 ECX CER 期货合约。随后 2008 年 5 月 16 日推出 CER 单位的期权合约变体。2009 年 3 月 13 日，交易所推出了 EUAs 和 CER 每日期货合约，分析师将此举解读为试图在当时由巴黎的 Bluenext 主导的碳现货市场中竞争。目前 BlueNext 已解散。除每日期货合约外，截至 2013 年 6 月的所有合约均按季度到期周期上市。2014—2020 年到期的合约暂时按年度到期（12 月）的方式上市。但是，交易绝大多数只发生在 12 月到期的合约上，最接近 12 月到期的合约通常占交易量的 80% 以上。第 5 章中对 EEX 进行了类似的研究。Mizrach 和 Otsubo（2014）的研究反映了 ECX 的相同现象。

交易所的交易规则和程序遵循较传统资产类别的一般行业惯例。交易从英国当地时间 7:00 开始，一直持续到 17:00。从 6:45 开始有 15 min 的预交易时段，允许会员挂单，为交易开始做准备；但是，在此期间基本没有执行任何订单。结算期为英国时间 16:50:00—16:59:59，这是交易日的第三阶段，用于确定结算价格。交易的第四阶段是盘后时段，仅用于报告 EFP/EFS 交易。在第 3 章中，我们将研究在此期间报告的交易对价格发现的贡献。这些交易可被视为 ECX 背景下的一种“楼上”交易，因此本研究将不对其进行研究，因为重点只关注楼下交易。[2] 这里采用了 Frino 等和 Alzahrani 等的研究先例。

交易既可以直接在平台上进行，也可以在平台外进行双边交易（然后在平台上登记）。据此，交易所维持三种交易机制：交易在 ICE 平台 ETS 上进行，作为 EFP/EFS 交易，或通过大宗交易机制进行。ETS 的移动版本已通过名为移动 ICE 的智能手机应用程序提供。

尽管 OTC 交易有更大的交易额，但在平台上执行的交易数量更多。ICE 平台上的交易仅对拥有排放交易特权的 ICE 欧洲期货交易所成员开放，并且该成员之前已在 ECX 列出了至少一名交易人员，此人被称为"责任人"（Responsible Individual，RI）。对于仅具有普通和交易参与会员资格（General and Trade Participant memberships）的机构交易者，在交易所注册的 RI 数量没有限制；但个人交易者只能注册一个 RI。RI 是交易所注册的交易者，必须遵守交易所制定的规则，并在准入前达到一定的交易能力水平。但是，交易所的非会员可以通过使用 ICE 平台的前端应用程序 WebICE 以及交易所认可的独立软件供应商 (ISV) 提供的其他类似应用程序来参与订单路由。 这些非会员必须是会员的客户，会员已获得同意使用该应用程序进行订单路由。

参与者通过将订单输入 ETS 来提交订单，根据交易所规则，订单执行的交易被视为匿名交易。执行的交易通过 TRS 分配到一个账户。通常情况下，账户参考（account reference）是在执行前输入的；但是也可以在执行后完成。通过在 ICE 平台屏幕和一些信息平台上即时发布实时价格，确保了一定程度的价格透明度。这些信息平台包括彭博（Bloomberg）、CQG、E-Signal/Futuresource、路透社（Reuters）、IDC 和 ICE Live。

交易所为买入订单和卖出订单设定合理性限价。高于（低于）限价的买入（卖出）订单会被拒绝。高于（低于）限价的卖出（买入）订单会被接受，但不会被执行，除非市场发生变化导致合理性限价改变，使得订单满足限价条件。交易所还保留了一个"不可取消范围"，在该范围内被报告为错误的交易可能不会被取消。这一规则增强了市场信心，减少了噪声交易。

虽然交易于英国当地时间 7:00 开始，但早盘交易直到 09:15 后才开始；它是 09:00–09:15 15 分钟内发生的交易的加权平均值。并且它仅针对 12 月到期的 EUAs 期货合约进行计算。对 12 月到期的 CER 和 EUAs 期货合约，个别合约指数在 18:00 盘后交易结束后发布。未平仓合约量是衡量市场深度的指标，在英国当地时间每个交易日的 10:00 计算，并在 11:00 公布。它意味着上一次收盘的头寸，并根据 AHT 和 10:00 之前完成的转账 / 结算进行调整。

ICE 欧洲清算银行（ICE Clear Europe）负责市场清算，代表交易所收取交易费。对于季度合约，目前对清算会员征收的费用为每吨 CO_2 0.003 5 欧元（一个 EUAs）（自营交易，proprietary transactions）和 0.004 欧元（非自营交易，non-proprietary transactions）。对于每日的期货合约，这些费用是双倍的。除此之外，参与者还要缴纳各种类别的年度认购费用。期权的行使或期货合约的实物交割不需要缴纳交易费用。自 2007 年 3 月 27 日以来，每吨 CO_2 的最低价格一直保持在 0.01 欧元，2005 年开始时为 0.05 欧元。

合约交易在到期月份的最后一个星期一交易日停止，此后标的可以在交易停止后 72 h 内进行交割。ICE 欧洲清算银行作为清算代理，负责合约标的实物交割。按照根据 EU-ETS 要求，清算成员必须在 EU-ETS 内的国家登记处拥有个人持有账户（person holding account，PHA）。EUAs 和 CER 的转移首先从卖方清算会员 PHA 账户转移到 ICE 欧洲清算银行，然后从 ICE 欧洲清算银行账户转移到买方 PHA。该协议下，所有欧盟登记处目前都有资格进行实物交付，这些登记处需要能够连续运行，并与 CITL 相连。许可权的转让是在线实时完成的，因此 CITL 通常在 60 s 内确认收到转账请求。同时，CITL 必须进一步核查，确认申请的真实性和许可证的有效性，核查过程可能需要长达 24 h。2011 年 1 月，欧盟各地登记处有超过 3 000 万欧元的许可证被盗，自那时之后，核查力度和范围开始逐步扩大。

ECX 规定了大宗交易的最小手数。每笔大宗交易必须至少为 50 手 / 合约（50 000 EUAs 或 CER）。

4.3 数据和研究方法

4.3.1 数据

本研究获得了两个数据集。第一个是 ICE 欧洲期货交易所的高频数据集。该数据集详细列出了日内精确到每一秒的交易，包括交易执行时间（精确到秒）、每个包含的 CFI 的数字标识、CFI 描述、合约的交易月份、订单标识、交易标记（买入 / 卖出）、交易价格、交易数量和交易类型（交易所 /OCT/ 大宗交易等）。数据集涵盖从 EU-ETS 第二阶段开始（2008 年 1 月 2 日）到 2011 年 5 月 9 日的全部交易。该数据集确保了本研究是近年来对 EU-ETS 第二阶段交易的最长时段分析。

第二个数据集包含 EOD 变量，它也来自 ICE 欧洲期货交易所，涵盖相同的时间跨度，并提供不同变量的每日计算。这些变量基于特定合约形成，包括未平仓量、交易所衍生价值加权指数、结算价格和每日交易量。

本书研究只选择了12月到期的合约，因为只有这些合约能获得官方交易所指数数据；12月到期合约为2008—2013年到期合约。这一选择也是基于数量的考虑。所有在预开盘期间和盘后市场期间执行的交易，以及场外和楼上市场执行的交易均被剔除。这是为了将本研究结果与之前研究进行比较，确保数据的可靠性和一致性。

通过整理清算，最终数据集一共有961 131笔交易。本研究采用ECX对大宗交易的定义，即任何最小手数为50份合约（50 000 EUAs）的交易。根据这一定义，产生了16 715笔大宗交易的样本量。这大约是清算后的数据集中交易总数的1.74%。这一绝对数量与Madhavan和Cheng（1997）分析的纽约证券交易所30只道琼斯股票的16 951笔楼下大宗交易相当，比Gemmill（1996）考察的伦敦证券交易所的5 987笔样本大很多。另外，考虑到许可证市场交易活动远低于传统资产类别，这可以被视为一个可观的数量。此外，Frino等采用将最大的1%交易视为大宗交易，本研究中的大宗交易占比与Frino等（2007）提到的比例相当。

交易所为每笔交易分配的交易标记被用于最终的tick数据集。[3] 在最终样本的16 715笔大宗交易中，8 356笔是买方发起的，8 359笔是卖方发起的。如Frino等（2007）等的研究一样，卖方发起的订单量略高于买方发起的订单量。

4.3.2 方法论

我们首先计算文献中普遍认可的三种价格影响类型。它们是暂时、永久和总价格影响指标。微观结构文献认为，永久价格影响是由私人信息引起的，而暂时价格影响是由噪声或流动性引发的交易引起的，从而导致价格逆转（参考Chan和Lakonishok，1995；Easley等，2002；Glosten和Harris，1988）。

在通常情况下，与当前报价下的流动性相比，大宗交易需要的流动性要更多。因此，如果要在可用流动性水平上完全执行大宗交易，它则必须“走”过订单簿，结果是迫使工具价格向交易方向移动，即卖出价下跌，买入价上涨。对价格的暂时冲击衡量了市场对执行大宗交易的摩擦价格反应，这种反应此后也会消失。等式（4.1）给出了定义。具体来说，等式（4.1）量化了价格冲击的流动性因素，因为大宗交易执行价格不同于当前均衡价格。定价摩擦的发生是因为缺乏随时可用的愿意以最佳对应报价与大宗交易对立的交易对手。因此，这种暂时冲击可以被视为对提供大宗交易流动性的交易对手的补偿。大宗买家（卖方）以价格溢价（折扣）的形式提供这种补偿，以吸引交易对手与其进行交易。

永久冲击是大宗交易对某一工具的持久影响，即大宗交易后不会反转的价格变动。因此，永久冲击用于衡量大宗交易的信息成分。这意味着市场对该工具有了新的认识，从而产生了新的价格均衡。本研究中采用 Holthausen 等（1990）、Gemmill（1996）、Frino 等（2007）和 Alzahrani 等（2013）的方法，使用五次交易的基准来计算价格冲击大小；所使用的等式也是基于这些论文。因此，对于暂时冲击［等式（4.1）]，测量大宗交易后的 5 次交易的价格变化情况；对于永久价性格冲击，等式（4.2）考虑价格从大宗交易前的 5 笔交易到大宗交易后的五笔交易的价格变化。第三个价格冲击指标，即总价格冲击，反映整个价格冲击，其中包括了流动性成分和信息成分。我们预测（与上述之前的研究一致）流动性冲击只有在大约 5 次交易后才会消失，所以等式（4.3）应同时考虑大宗交易的暂时和永久价格冲击。根据等式（4.1）～等式（4.3）计算所有 3 个指标的百分比回报来确保可比性：

$$ret_{cc} = \alpha + \beta ret_{ck} + \varepsilon_k$$

$$\text{Temporary Impact} = \frac{P_{t+5} - P_t}{P_t} \tag{4.1}$$

$$\text{Permanent Impact} = \frac{P_{t+5} - P_t}{P_{t-5}} \tag{4.2}$$

$$\text{Total Impact} = \frac{P_t - P_{t-5}}{P_{t-5}} \tag{4.3}$$

在没有直接报价的情况下，我们使用交易价格。[4] 我们采用 Frino 等（2007）的模型。Alzahrani 等（2013）在研究大宗交易价格影响 ECX 的一些可能决定因素时也用过该模型，相应地，我们用 EUAs 合约特定变量估计以下时间序列回归：

$$PI_t = \gamma_0 + \gamma_x X_t + \gamma_2 \sum_{i=1}^{9} TD_i + \gamma_3 \sum_{i=1}^{4} DD_i + \gamma_4 \sum_{i=1}^{11} MD_i + \varepsilon_t \tag{4.4}$$

其中，PI_t 对应 3 种价格冲击程度：总价格冲击、永久价格冲击和暂时价格冲击。解释变量计算方法如下文。X_t 是 6 个解释变量［规模（Size）、波动率（Volatility）、换手率（Turnover）、市场回报（Market return）、动量（Momentum）和买卖价差（BAS）］构成的向量。TD_i、DD_i 和 MD_i 是一天中的时间（h）、一周中的天和一年中的月的虚拟变量。

规模（size）表示大宗交易中包含的合约数量的自然对数。[5] 基于交易规模与信息含量相对应的假设（参考 Chan 和 Lakonishok，1993；Easley 和 O'Hara，1987；Kraus 和 Stoll，1972），此处采用交易规模作为大宗交易信息含量的代理指标（proxy）。当投资者拥有关于一种工具的私有信息时，他们会根据新信息产生的新信念采取行动。因此，如果他们认为该工具定价过高，他们就会卖出订单，如果定价过低，他们就会买入订单。波动率（Volatility）代表某交易日大宗交易前的交易执行价格回报的标准差。[6] 这一方法与之前研究一致（例如，参考 Frino 等，2007）。波动率代表交易价格的日内波动；它显示了某一交易时段内的交易信念模式，因此可以被视为交易逆向选择成本的隐性代理指标（implicit proxy）。一个工具波动水平越高，与其相关风险就越大，容易产生更大的价差作为交易补偿（参考 Sarr 和 Lybek，2002）。波动产生的较大价差表明，波动性将会导致价格冲击。按照预计，期货合约的波动性将与价格冲击呈正相关（Domowitz 等，2001）。

换手率（Turnover）代表大宗交易执行前一个交易日成交的所有期货合约的欧元总价值除以当时的欧元未平仓合约量的自然对数。换手率经常被用来衡量交易活动和市场流动性（参考 Frino 等，2007；Hu，1997；Lakonishok 和 Lev，1987）。未平仓量已被认为是期货市场流动性指标的一个组成部分。我们采用 Bessembinder 和 Seguin（1992）、Fung 和 Patterson（1999）的方法，使用未平仓量作为市场深度（流动性）代理指标的组成部分。未平仓量反映了交易的订单流和交易者对其资金风险的准备程度，它与波动率的相关性类似价差与波动率的相关性。价格冲击随着流动性改善将会降低；因此，我们认为流动性与价格冲击呈负相关性。[7] 动量（momentum）通过大宗交易交易日前 5 个交易日内每份合约的滞后累积日收益来计算，它表示特定工具的交易趋势。较高的回报表示买入趋势，较低的回报表示卖出趋势。Saar（2001）认为，一个工具的历史价格表现与其预期价格冲击的非对称性有关。具体而言，在价格表现下降的背景下执行的大宗交易将表现出更高的正非对称性，而在价格大幅上涨后执行的大宗交易应表现出较低的不对称或可能的负非对称性。自 EU-ETS 过渡到第二阶段以来，市场经历了更强的流动性和市场效率，因此价格表现在很大程度上处于上升状态。在此基础上，我们认为动量主要具有负的价格冲击系数。

买卖价差（BAS）是模型中衡量流动性的第二个指标。相对买卖价差是大宗交易执行时普遍存在的相对买卖价差。我们预计，价差较大时的价格冲击将高于价差较小时。相对买卖价差计算方式为，大宗交易前的最后一个卖出价减去大宗交易前最后一个买入价，再除以两个价格的中点。市场回报是每个合约基于其 ECX EUA 指数的特定日回报。通过采用特定合约的回报，我们用更精确的市场回报衡量指标来模拟 Frino 等（2007）的报告结果。Alzahrani 等（2013）和 Frino 等（2007）报告了大宗交易冲击的日内效应。为了保持一致性，我们引入了交易时间、星期和月份虚拟变量，以捕捉交易时点 / 时段效果。对于这些虚拟变量集，用最后交易时间（16:01—17:00）、星期五和 12 月作为参考。考虑到样本合约都是 12 月到期，使用 12 月作为参考月份是很重要的。

4.4 结果和讨论

4.4.1 描述性统计

表 4.1 中的面板 A 显示了基于交易分类的描述性统计。在最终样本中的 16 715 笔大宗交易中，8 356 笔是买方发起的，8 359 笔是卖方发起的。大宗交易总量占样本交易总量的 1.74%。与传统市场相比，像 ECX 这样的许可证市场的交易似乎不太依赖机构活动。然而，这一结论只有在我们将大宗交易活动等同于机构活动时才成立。EU-ETS 的本质是在上游对排放量进行总量管制和交易；因此，EU-ETS 许可证的交易主要由出于履约目的的企业和其他机构投资者（如巴克莱资本）主导。但是大多数机构交易都发生在 OCT 和楼上市场。虽然只占 ECX 上 EUAs 交易的一小部分，但机构交易在交易所的欧元交易量中所占的比例要高得多。最终样本中所有交易的 0.869% 被确定为买方发起的大宗交易，而卖方发起的大宗交易的比例略高，为 0.87%。这一趋势虽然与之前的一些的研究一致，但与其他一些研究形成对比。

表 4.1　大宗交易汇总统计

面板 A：大宗交易汇总统计						
	交易数量	平均合约 / 交易量	交易总量百分比	平均交易价值 / 交易额（€）	平均相对价差 /%	标准偏差 / %
所有交易	961 131	6.79		108.40	0.07	
大宗交易	16 715	78.94	1.74	1 232.71	0.06	0.47
大宗买入	8 356	80.21	0.87	1 258.03	0.07	0.58
大宗卖出	8 359	77.67	0.87	1 207.40	0.06	0.30

续表

面板 B：决定因素相关矩阵						
	BAS	市场回报	动量	波动率	规模	换手率
BAS	1					
市场回报	−0.017	1				
动量	−0.023	0.261	1			
波动率	0.322	0.001	−0.041	1		
规模	−0.012	0.016	−0.002	−0.019	1	
换手率	−0.080	0.076	0.152	−0.257	0.006	1

面板 A 显示了 2008 年 1 月至 2012 年 4 月在 ECX 平台上执行的 12 月到期 EUAs 期货大宗交易的描述性统计数据。面板 B 显示了大宗交易价格冲击决定因素的相关矩阵，决定因素 / 变量见表 4.2。

在将大批量 EFP/EFS 交易从屏幕上的大宗交易中剔除后，总共有 16 715 笔大宗交易，总价值约为 210 亿欧元。对于所有大宗交易，每笔交易的平均合约数量是所有交易（包括大宗交易和非大宗交易）价值总和的 13 倍以上。大宗买入的平均交易数量（交易价值）高于大宗卖出，分别为 80.21（1 258 030 欧元）和 77.67（1 207 400 欧元）。平均相对买卖价差买入时为 0.067%，卖出时为 0.056%。所有交易的平均相对买卖价差高于所有大宗交易的平均相对买卖价差。除大宗买入外，所有交易的价差均高于表 4.1 中的其他所有类别。对于更发达的市场和传统资产类别，人们预期所有交易价差都会降低，而大宗交易的价差会更大，因为它们更有可能受到私有信息的影响，而不是追求流动性。许多微观结构研究表明，大型交易比小型交易提供的信息更多（更多细节请参见 Easley 和 O’Hara 1987）。众所周知，投资者会利用私有信息在一段时间内分散交易，而不是执行异常大额交易。他们这样做是为了避免泄露私人持有的信息，并充分利用这些信息。某种程度上，表 4.1 中的估计显示，每笔交易的平均合约数量较高的大宗买入似乎证实了这一直觉。值得注意的是，所有交易规模约为平均大宗交易的 1/11，但其平均相对价差略高。一种可能的解释是，在 ECX 的交易日中价格发现的噪声。第 3 章中记录了价格发现过程中的噪声和 ECX 上的信息不对称，表 4.1 中的统计数据本身并不能证明数据中存在噪声。此外，如果噪声是平台交易的同义词，我们必须确保数据能够代表这一事实。第 4.5 节将提供更清晰的分析。

4.4.2 回归结果与讨论

4.4.2.1 价格冲击和交易标志

在本节中，我们将分别研究所有大宗交易以及买入和卖出大宗交易的价格影响因素，结果见表 4.2。大宗卖出交易的规模（Size）系数估计值有高度的统计显著性，且为负值。这些系数证实了较大规模的大宗卖出交易对 ECX 上的碳期货价格既有永久冲击，也有暂时冲击，这意味着大宗交易越大，大宗卖出交易的负面冲击越大。然而，暂时性效果与预期相反，因为一般预计，在大宗卖出交易后价格应该会下跌，我们将进一步分析这种特殊的关系。从表 4.2 中可以看出，这种关系还有更多实质性的例子。一方面，有充分的证据表明，ECX 的大宗交易对价格产生了统计学上显著的影响；另一方面，这些影响并不符合传统市场现有文献研究结果。例如，大宗购买交易对波动性、市场回报、动量和 BAS 的总体效应是负面且具有统计显著性。组合大宗交易的相应总影响系数对所有这些变量（波动率除外）都在统计上显著为负。这意味着大宗买入交易主导了大宗交易影响的方向，因为大宗卖出交易总影响系数大多为正。但是，所获得的数据中只有一小部分支持这一结论。由于很难区分两种关键影响类型（流动性 / 暂时性和信息 / 永久性）中的哪一种占主导地位，因此将重点放在总价格影响估计上是一种误导。为清楚起见，我们分析了表 4.2 中的暂时性和永久性影响估计。在这里，大宗购买价格影响更符合现有文献。例如，买入交易的波动和市场回报估计的正（且统计上显著的）暂时效应，与理论研究和现有文献一致。[8] 文献表明，增加的深度（换手率）降低了大宗交易价格冲击。我们的结果表明，这仅在总价格影响的情况下适用于购买。对买入和卖出交易的暂时效应估计表明，对于流动性引发的交易，市场深度不会减弱交易影响；影响方向保持一致。只有大宗卖出系数对永久性影响有意义，这与 Frino 等的观点相矛盾，但与 Alzahrani 等对沙特股票市场（SSM）的研究一致。Alzahrani 等认为，活跃交易工具中的巨额大宗卖出交易可能表明交易意图的反向信息，因为它们表明知情参与者的信念，从而使得工具卖出增加。这可能导致相关大宗交易的价格影响加剧。

表 4.2 报告了 2008 年 1 月至 2011 年 4 月期间，在 ECX 平台上执行的所有买入和卖出 12 月到期 EUAs 期货合约大宗交易的回归结果。表中同时报告了系数与标准误差（表 4.2 的括号中）。使用 Newey 和 West（1987）异方差和自相关一致协方差矩阵的 OLS 估计以下回归：

$$PI_t = \gamma_0 + \gamma_x X_t + \gamma_2 \sum_{i=1}^{9} TD_i + \gamma_3 \sum_{i=1}^{4} DD_i + \gamma_4 \sum_{i=1}^{11} MD_i + \varepsilon_t$$

表 4.2 大宗交易价格冲击的决定因素

变量	永久冲击			总冲击			暂时冲击		
	所有	买入	卖出	所有	买入	卖出	所有	买入	卖出
规模	-3.25×10^{-5}	-1.47×10^{-5}	−0.000 4***	-1.78×10^{-5}	0.000 4***	−0.000 2**	-1.34×10^{-5}	-2.68×10^{-5}	0.000 1***
	(1.74×10^{-5})	(2.59×10^{-5})	(0.000 2)	(1.04×10^{-5})	(0.000 1)	(9.84×10^{-5})	(1.73×10^{-5})	(2.65×10^{-5})	(1.17×10^{-5})
波动率	0.182 0*	0.081 7	0.039 9**	0.031 7	−0.041 7**	0.028 5***	0.073 5**	0.139 6***	−0.010 9
	(0.094 4)	(0.131 8)	(0.018 8)	(0.120 1)	(0.020 0)	(0.008 0)	(0.037 7)	(0.039 1)	(0.067 3)
换手率	−0.073 3	−0.074 0	−0.181 7***	−0.135 7*	−0.265 7**	0.034 0	0.053 0***	0.173 0*	−0.115 8***
	(0.136 7)	(0.207 5)	(0.055 2)	(0.080 1)	(0.121 1)	(0.094 6)	(0.012 9)	(0.094 4)	(0.019 3)
市场回报	0.015 7***	0.010 2	0.017 4***	−0.014 7***	−0.024 8***	0.012 4***	0.020 4***	0.035 0***	0.015 0***
	(0.006 0)	(0.009 9)	(0.005 4)	(0.004 6)	(0.008 0)	(0.003 2)	(0.007 0)	(0.012 4)	(0.004 9)
动量	−0.003 1	−0.004 1*	−0.002 0	−0.002 8**	−0.004 0***	−0.001 6**	−0.000 5	−0.000 3	−0.000 4
	(0.002 0)	(0.002 5)	(0.002 3)	(0.001 3)	(0.001 5)	(0.001 3)	(0.002 5)	(0.004 0)	(0.001 9)
BAS	−0.081 0 7	−0.083 3	0.064 9**	−0.199 4**	−0.100 6***	0.131 8***	0.027 3	0.129 1	0.031 9
	(0.064 1)	(0.054 4)	(0.030 6)	(0.092 4)	(0.041 5)	(0.037 0)	(0.094 6)	(0.126 6)	(0.077 0)
TD_1	0.000 4	0.000 4	0.000 3	-9.53×10^{-6}	−0.000 6*	0.000 3*	0.000 4	0.000 9	5.45×10^{-5}
	(0.000 5)	(0.000 9)	(0.000 3)	(0.000 2)	(0.000 3)	(0.000 2)	(0.000 5)	(0.001 0)	(0.000 2)
TD_2	0.000 6	0.001 2	-2.74×10^{-5}	−0.000 2	−0.000 2	-8.88×10^{-5}	0.000 8	0.001 4	6.17×10^{-5}
	(0.000 5)	(0.001 0)	(0.000 2)	(0.000 2)	(0.000 2)	(0.000 1)	(0.000 5)	(0.001 0)	(0.000 2)
TD_3	0.000 6	0.001 0	0.000 2	-7.30×10^{-5}	−0.000 3	9.91×10^{-5}	0.000 7	0.001 2	0.000 1
	(0.000 5)	(0.000 9)	(0.000 3)	(0.000 2)	(0.000 3)	(0.000 1)	(0.000 5)	(0.000 9)	(0.000 2)

续表

变量	永久冲击			总冲击			暂时冲击		
	所有	买入	卖出	所有	买入	卖出	所有	买入	卖出
TD_4	0.000 6	0.001 1	5.40×10^{-5}	−0.000 2	−0.000 5*	0.000 1	0.000 8	0.001 6*	-5.84×10^{-5}
	(0.000 5)	(0.000 9)	(0.000 2)	(0.000 2)	(0.000 3)	(0.000 1)	(0.000 5)	(0.000 9)	(0.000 2)
TD_5	0.000 2	0.000 8	−0.000 5**	−0.000 5***	−0.000 8***	−0.000 3**	0.000 6	0.001 6*	−0.000 2
	(0.000 5)	(0.000 9)	(0.000 3)	(0.000 2)	(0.000 3)	(0.000 1)	(0.000 5)	(0.000 9)	(0.000 2)
TD_6	0.000 8*	0.001 3	0.000 4	0.000 3	0.000 3	0.000 3*	0.000 5	0.001 0	9.21×10^{-5}
	(0.000 5)	(0.000 9)	(0.000 3)	(0.000 3)	(0.000 5)	(0.000 2)	(0.000 5)	(0.001 0)	(0.000 2)
TD_7	0.000 7	0.001 2	0.000 1	−0.000 2	−0.000 5	7.00×10^{-5}	0.000 9*	0.001 7	7.43×10^{-5}
	(0.000 5)	(0.000 9)	(0.000 2)	(0.000 2)	(0.000 3)	(0.000 1)	(0.000 5)	(0.000 9)	(0.000 2)
TD_8	0.000 2	0.000 7	−0.000 5*	−0.000 3**	−0.000 4*	−0.000 3**	0.000 5	0.001 1	−0.000 2
	(0.000 5)	(0.000 9)	(0.000 2)	(0.000 1)	(0.000 2)	(0.000 1)	(0.000 5)	(0.000 9)	(0.000 2)
TD_9	0.000 5	0.001 0	−0.000 1	−0.000 3**	−0.000 4**	−0.000 2	0.000 7	0.001 3	8.75×10^{-5}
	(0.000 5)	(0.000 9)	(0.000 2)	(0.000 1)	(0.000 2)	(0.000 1)	(0.000 5)	(0.000 9)	(0.000 2)
DD_1	5.48×10^{-5}	−0.000 2	0.000 2 3	−0.000 2	−0.000 4*	3.21×10^{-5}	0.000 2	0.000 3	0.000 2
	(0.000 5)	(0.001 0)	(0.000 3)	(0.000 2)	(0.000 3)	(0.000 1)	(0.000 5)	(0.001 0)	(0.000 2)
DD_2	0.000 3	0.000 5	2.96×10^{-5}	−0.000 2*	−0.000 4	−0.000 1	0.000 5	0.000 9	0.000 2
	(0.000 4)	(0.000 8)	(0.000 2)	(0.000 1)	(0.000 2)	(0.000 1)	(0.000 4)	(0.000 8)	(0.000 2)
DD_3	0.000 4	0.000 7	7.64×10^{-5}	0.000 1	7.70×10^{-5}	0.000 1	0.000 3	0.000 7	-4.50×10^{-5}
	(0.000 4)	(0.000 8)	(0.000 2)	(0.000 2)	(0.000 2)	(0.000 1)	(0.000 4)	(0.000 8)	(0.000 2)

续表

变量	永久冲击			总冲击			暂时冲击		
	所有	买入	卖出	所有	买入	卖出	所有	买入	卖出
DD_4	0.000 1	0.000 4	−0.000 3	−0.000 2*	−0.000 2**	-4.31×10^{-5}	0.000 3	0.000 9	−0.000 2
	(0.000 4)	(0.000 8)	(0.000 2)	(0.000 1)	(0.000 2)	(0.000 1)	(0.000 4)	(0.000 8)	(0.000 2)
MD_1	0.000 5	0.000 3	0.000 7**	0.000 5***	0.000 3	0.000 8***	-1.76×10^{-5}	5.21×10^{-5}	-9.67×10^{-5}
	(0.000 3)	(0.000 6)	(0.000 3)	(0.000 2)	(0.000 3)	(0.000 2)	(0.000 3)	(0.000 5)	(0.000 3)
MD_2	0.000 7**	0.000 5	0.000 9***	0.000 6***	0.000 7	0.000 6***	6.07×10^{-5}	−0.000 2	0.000 3
	(0.000 3)	(0.000 5)	(0.000 3)	(0.000 3)	(0.000 5)	(0.000 2)	(0.000 3)	(0.000 5)	(0.000 3)
MD_3	0.000 5*	0.000 2	0.000 8**	0.000 2	-7.33×10^{-5}	0.000 5**	0.000 3	0.000 2	0.000 3
	(0.000 3)	(0.000 5)	(0.000 3)	(0.000 2)	(0.000 3)	(0.000 2)	(0.000 3)	(0.000 5)	(0.000 3)
MD_4	-8.85×10^{-6}	−0.000 6	0.000 7**	0.000 3*	8.71×10^{-5}	0.000 6***	−0.000 3	−0.000 7	8.85×10^{-5}
	(0.000 7)	(0.001 3)	(0.000 3)	(0.000 2)	(0.000 3)	(0.000 2)	(0.000 7)	(0.001 3)	(0.000 3)
MD_5	-8.92×10^{-5}	−0.000 5	0.000 4	0.000 2	-8.97×10^{-5}	0.000 5**	−0.000 3	−0.000 4	−0.000 1
	(0.000 3)	(0.000 5)	(0.000 3)	(0.000 2)	(0.000 3)	(0.000 2)	(0.000 3)	(0.000 5)	(0.000 3)
MD_6	0.000 7**	0.000 5	0.001 0***	0.000 6***	0.000 4	0.000 8***	0.000 2	0.000 1	0.000 2
	(0.000 3)	(0.000 5)	(0.000 4)	(0.000 2)	(0.000 3)	(0.000 2)	(0.000 3)	(0.000 5)	(0.000 3)
MD_7	0.000 7*	0.000 1	0.001 3***	0.000 3	−0.000 1	0.000 8***	0.000 4	0.000 3	0.000 5*
	(0.000 4)	(0.000 5)	(0.000 4)	(0.000 2)	(0.000 4)	(0.000 2)	(0.000 3)	(0.000 5)	(0.000 3)

续表

变量	永久冲击			总冲击			暂时冲击		
	所有	买入	卖出	所有	买入	卖出	所有	买入	卖出
MD_8	0.000 5	0.000 6	0.000 5	0.000 4**	0.000 3	0.000 6***	0.000 1	0.000 3	−0.000 1
	(0.000 4)	(0.000 5)	(0.000 4)	(0.000 2)	(0.000 3)	(0.000 2)	(0.000 3)	(0.000 5)	(0.000 4)
MD_9	0.000 4	0.000 4	0.000 5*	0.000 4*	0.000 3	0.000 6***	2.49×10^{-5}	0.000 2	-8.87×10^{-5}
	(0.000 3)	(0.000 5)	(0.000 3)	(0.000 2)	(0.000 5)	(0.000 2)	(0.000 3)	(0.000 5)	(0.000 3)
MD_{10}	0.000 4	0.000 2	0.000 5	0.000 2	-6.68×10^{-6}	0.000 4*	0.000 2	0.000 2	7.57×10^{-5}
	(0.000 4)	(0.000 5)	(0.000 4)	(0.000 2)	(0.000 3)	(0.000 2)	(0.000 3)	(0.000 5)	(0.000 3)
MD_{11}	−0.000 4	−0.001 1	0.000 6*	0.000 3	0.000 2	0.000 5**	−0.000 7	−0.001 3	8.02×10^{-5}
	(0.000 7)	(0.001 3)	(0.000 3)	(0.000 2)	(0.000 3)	(0.000 2)	(0.000 7)	(0.000 5)	(0.000 3)
Constant	−0.001	−0.001 8	−0.000 2	−0.000 1	-1.25×10^{-5}	−0.000 2	−0.001 0	−0.001 9	4.32×10^{-5}
	(0.000 7)	(0.001 3)	(0.000 4)	(0.000 3)	(0.000 5)	(0.000 2)	(0.000 7)	(0.001 4)	(0.000 3)
Observations	16 715	8 356	8 359	16 715	8 356	8 359	16 715	8 356	8 359
R^2	0.002 2	0.002 4	0.023 0	0.007 2	0.021 8	0.026 9	0.002 6	0.004 4	0.008 1

注：***、** 和 * 分别表示 1%、5% 和 10% 统计水平上显著。

其中，PI_t 对应于 3 种价格影响度量之一：总价格影响、永久性价格影响和暂时性价格影响。解释变量计算如下。X_t 是包含六个解释变量（*Size*、*Volatility*、*Turnover*、*Market return*、*Momentum* 和 *BAS*）的向量，定义如下。TD_i、DD_i 和 MD_i 是一天中的时间（h）、一周中的天数和一年中的月份的虚拟变量，并在下面进一步定义。*Size* 代表每笔大宗交易的 12 月到期期货合约数量的自然对数；*Volatility* 是交易日大宗交易前交易—交易回报的标准差；*Turnover* 是大宗交易前一个交易日期货合约换手率的自然对数，换手率是大宗交易前总交易量与现行未平仓合约估计的比率；*Market return* 是由 ECX 计算的 EUAs 期货合约特定指数的回报；*Momentum* 对应大宗交易前 5 天特定 EUAs 期货合约的累计收益；*BAS* 是执行大宗交易时的现行相对买卖价差，*BAS* 是以大宗交易前的最后卖价减去大宗交易前的最后买价，再除以两个价格的平均值来衡量的。如果大宗交易发生在交易日的第一个小时（1）到第九个小时（9）的任何相应交易时间内，则 TD_1 到 TD_9 等于 1，否则等于 0。如果大宗交易发生在从交易周的星期一（1）到星期四（4）的任何一天，则 DD_1 到 DD_4 等于 1，否则等于 0。如果大宗交易发生在 1 月（1）至 11 月（11）的任何相应月份，则 MD_1 至 MD_{11} 等于 1，否则为 0。一份 EUAs 期货合约的标的为 1 000 个 EUAs。

正的市场回报系数估计值表明大宗买入交易的价格影响较大，而大宗卖出交易的价格影响较小；所获得的结果在很大程度上符合这一预期。与 Frino 团队以及 Alzahrani 团队的研究一致，他们对大宗卖出交易的所有价格影响都是正的。购买交易的永久影响和暂时影响估计也是正的。根据 Chiyachantana 等的研究，在价格上升的背景下执行的机构大宗交易导致较小的永久价格影响。这证实了 Saar 的报告，即在最近的价格上涨后执行的大宗交易产生的价格影响较小。动量的总影响系数估计显示出统计上显著的结果。大宗买入交易的总影响系数估计值为负且显著，表明价格上涨对价格的影响较小。统计显著为负的卖出系数（影响）意味着大宗卖出交易的趋势相反。统计上显著的 *BAS* 估计系数（买入：总影响；卖出：总影响和永久影响）意味着价差越大，对买入和卖出交易的价格影响越小，因此价差越小，对价格的影响越大。这与之前的研究矛盾。与旨在交易股票的股票市场不同，ECX 是一个为交易排放许可证而创建的平台。排放许可证设计为每年只上缴一次，但自 EU-ETS 第二阶段开始以来，市场全年都保持着很高的流动性。不需要立即上缴的交易排放许可证表明了知情交易的水平。基于这一推理，高水平的流动性未必会抑制大宗交易的价格冲击。BAS 的系数估计值支持了有关 *Turnover* 的讨论结果。

买方和卖方在 ECX 上发起的大宗交易导致了暂时和永久的价格影响。流动性的增加也会产生更大的价格影响。模型中使用的两种流动性指标的影响差异，也凸显了 EU-ETS 总量管制和交易计划与传统金融市场在市场属性上的不同之处。还有证据证实了这样的预测，即在大宗交易执行之前，当工具价格上涨时，对大宗买入和卖出交易的价格冲击都会降低。

4.4.2.2　价格冲击的日内变化

根据研究，在传统市场中，价差在交易日内符合“U”形图像。然而，很少有关于 EU-ETS 日内变化的研究。Rotfuß 利用第二阶段第一年交易的 ECX 数据，报告了 ECX 日内波动的大致呈“U”形图像。在第 3 章中，我们使用同一平台的数据报告了略有不同的倒“S”形的日内波动和交易量的模式。据我们所知，对 EU-ETS 的日内价差变化模式的进行估计的唯一证据就是基于我们在第 3 章用于分析的样本。图 4.1 进一步显示了平均相对买卖价差的日内变化，这是通过使用我们的整个数据集（包括非大宗交易）计算的。有明显的迹象表明可能是“U”形图像。

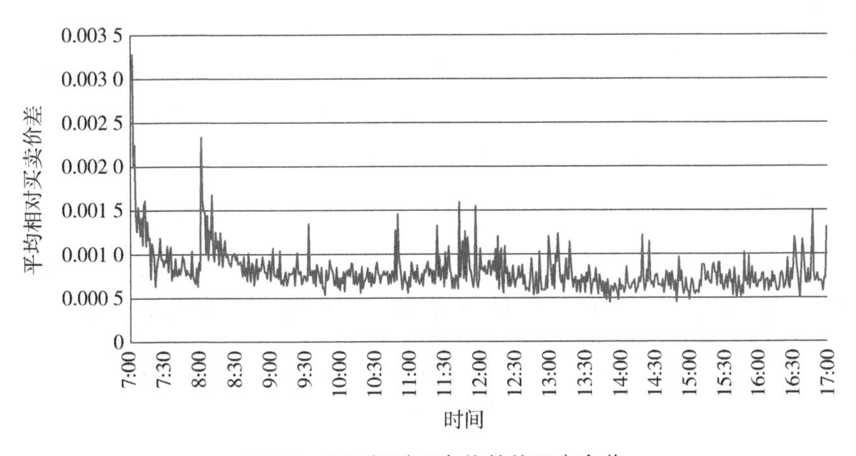

图 4.1　ECX 相对买卖价差的日内变化

图 4.1 显示了 2008 年 1 月至 2011 年 4 月在 ECX 平台上执行的 12 月到期 EUAs 期货合约的所有交易的日内相对买卖价差模式。计算了我们样本中的 6 个 EUAs 期货合约的每一个的平均买卖价差（定义为每笔交易的交易前最后一个卖价减去交易前最后一个买价除以两个价格的平均值），然后对所有合约的交叉部分进行均值处理。

为了检验 ECX 大宗交易价格冲击强度的日内变化，我们引入了交易小时的日内虚拟变量，表 4.2 中给出了结果。[9] 时段的定义见第 4.4 节，表 4.2 中也包含了相关结果。结果表明，在交易日的某些时段执行的大宗交易产生的价格冲击与在当天最后一小时执行的交易产生的价格冲击显著不同。交易日的中间时段，即 11:00—15:00，显示出比交易日的最后一小时更大的卖出价格冲击的倾向。这种行为凸显了 ECX 和其他传统金融平台不同的日内交易活动模式影响。一些研究表明，第一个小时是大宗交易对价格冲击最大的时期。在本节的前文中，我们报告说，与之前的研究相反，较大的价差实际上对 ECX 的价格冲击较小。这一结论是我们研究一天中的时间效应的唯一合乎逻辑的结果，因为如图 4.1 所示，最低价差出现在一天的中间时段，而最高价差时段出现在交易日的第一个小时。但是还有一些证据表明价格冲击不对称，因为一些大宗购买系数是负值且显著的。这一趋势表明，在交易日的第 4 个、第 5 个、第 8 个和第 9 个小时，大宗买入对总价格的冲击小于交易日的最后一小时。对结果的进一步研究表明，对于代表价格变动的流动性成分的暂时冲击，没有证据表明在总冲击中观察到价格冲击不对称。这组结果支持了第 3 章中的观察结果，即 ECX 交易的最后一小时由知情交易主导，因此可能会由于新信息被嵌入价格，而表现出更大水平的永久价格冲击。这是因为最后的交易时间很大程度上是由买入交易者主导的。这也解释了大宗卖出的价格冲击不对称。

4.4.2.3 周日历效应

我们计算并比较了一周中每一天和一年中每个月的平均价格冲击程度。在对周内日历效应的分析中，我们观察到价格冲击存在微弱但显著的差异。这让我们预计，由于交易日的原因，价格冲击会有一定程度的变化。因此，我们决定在等式（4.4）中加入周日历虚拟变量。对月份效应的分析更有力地证明了存在显著差异，因此，我们在等式（4.4）中也包括了月份虚拟变量。12 月是本研究中所有期货的交割月份，因此被用作参考月份。表 4.2 所示的结果表明，虽然大宗交易的价格冲击在周内的交易日上存在一些统计上的显著差异，但这些差异仅限于大宗买入，并且仅对总冲击成立。此外，统计显著性的水平通常较弱。因此，我们记录了基于大宗交易类型的价格影响不对称性的另一个实例。

表 4.2 还给出了一年中月份虚拟变量的结果。结果非常有趣：我们观察到大宗买入和卖出之间强烈的价格冲击不对称。就总冲击而言，所有 11 个大宗卖出月份虚拟变量在统计上都是显著的，其中 8 个是永久冲击。没有一个大宗买入月份虚拟变量达到常规的统计显著性水平。在微观结构文献中，我们观察到的交易类型之间的价格冲击不对称的情况相当常见；在本章的结论中，我们试图解释这一现象，因为它也适用这个不寻常的市场。大宗卖出的结果强烈表明，大宗卖出交易的价格冲击在 12 月最高。由于我们从样本中剔除了 12 月到期合约的交易，这一结果也是意料之中的。剔除最接近到期日的 12 月合约交易，意味着 12 月的交易可能比一年中其他月份的交易波动要小。表 4.2 中的波动系数表明，随着市场波动性的增加，价格冲击降低。因此，其他月份的波动性比 12 月要大，对大宗卖出交易影响也会较小。

4.4.2.4 交易规模对价格的冲击

微观结构研究表明，受流动性影响的交易通常是小订单，而知情交易通常是较大订单。第 3 章对 ECX 上主导的 AHT 市场的较大订单进行了分析，表明这一结论在欧洲碳市场可能同样成立。如果不同类型的交易以不同的交易规模分类，我们怀疑大宗交易不一定会造成价格冲击。本书前文已经证明了价格冲击是交易规模的一个重要函数。为了确定不同规模的大宗交易如何影响价格功能，我们采用了 Alzahrani、Madhavan 和 Cheng 的方法，将样本中的大宗交易划分为 3 个不同的交易规模类别。大宗交易分为以下 3 组：50 000～100 000 EUAs（小型）、100 001～200 000 EUAs（中型）和大于 200 000 EUAs（大型）。我们使用已经确定的所有 3 种价格冲击衡量指标对每一组进行等式（4.4）的估算。

表 4.3 报告了买入大宗交易的结果。我们的第一个观察结果是，小型大宗交易的比例非常高。样本中大约 90% 已执行交易是小型大宗交易。另一个观察结果是缺乏显著异于零的估计值。此外，表 4.3 的结果与表 4.2 基本一致，尤其是小型大宗交易，因为它们在样本中占主导地位。但是，有几个观察结果值得一提。如前所述，正的市场回报会产生更大的永久价格冲击，现在有进一步的证据表明这与交易规模有关。当市场回报为正时，大型大宗交易比小型大宗交易平均多引起 26.26% 的永久价格变动；这是因为较大的交易向市场传递了更多的信息。相反，由于暂时的价格冲击受流动性影响，与大宗交易相比，小型大宗交易引起的暂时价格变动比大型大宗交易平均高出 78.28%。我们还注意到，暂时冲击的大型大宗交易系数估计甚至与零没有显著差异。

我们还观察到，较大的大宗交易，尤其是中型大宗交易，可能比较小规模的大宗交易产生更高的价格冲击，这与理论一致。例如，衡量参与者信念离散度的波动率变量，其对所有 3 种交易规模的总冲击估计在统计上都是显著的。中型大宗交易的系数为正且具有统计学意义，也高于其他组，为 1.44。这意味着，对这一组数据来说，波动性增加会导致更高的价格冲击。小型大宗交易和大型大宗交易为负且具有统计显著性的系数表明，波动性增加并不一定意味着更高的价格冲击；相反，它释放出了相反的信号。这与前文表 4.2 中买入大宗交易的总冲击系数估计值一致。由于这两组占样本量的 93% 以上，因此与之前的买入交易结果一致并不令人惊讶，但中型大宗交易的估计与理论一致。动量的总冲击系数估计对于所有 3 种规模都具有统计显著性；正如 Frino 等所报告的那样，研究结果再次表明，在价格上涨时，中型大宗交易会产生更大的价格冲击，而其他两种规模的结果证实了 Saar 的观点和表 4.2 中的结果。负值且具有统计显著性的系数证实，价格上涨引起的价格冲击较小。

表 4.3　价格冲击和大宗交易规模（买入）的决定因素

变量	永久冲击			总冲击			暂时冲击		
百分比 /%	50～100 （89.92）	101～200 （6.63）	＞200 （3.45）	50～100 （89.92）	101～200 （6.63）	＞200 （3.45）	50～100 （89.92）	101～200 （6.63）	＞200 （3.45）
变量									
Size	8.40×10^{-6} （8.88×10^{-6}）	4.01×10^{-5} （2.90×10^{-5}）	2.38×10^{-6} （1.73×10^{-6}）	-5.37×10^{-8} （3.82×10^{-6}）	2.86×10^{-6} （1.08×10^{-5}）	$4.81 \times 10^{-6**}$ （2.11×10^{-6}）	8.83×10^{-6} （8.56×10^{-6}）	3.81×10^{-5} （3.02×10^{-5}）	-2.35×10^{-6} （2.10×10^{-6}）
Volatility	0.045 5 （0.151 5）	1.116 1*** （0.405 1）	−0.261 0 （0.212 0）	−1.094 6*** （0.220 0）	1.435 4** （0.645 4）	−1.024 7*** （0.371 1）	0.188 1 （0.207 3）	−0.227 1 （0.736 0）	−0.037 2 （0.434 0）
Turnover	−0.151 4 （0.448 7）	−0.661 5 （0.612 5）	0.052 9 （0.174 9）	−0.351 3 （0.283 8）	−0.367 5 （0.330 4）	−0.247 0** （0.122 8）	0.157 8 （0.452 7）	−0.315 7 （0.596 4）	0.298 6 （0.126 0）
Market return	0.017 9** （0.007 7）	−0.081 0 （0.097 1）	0.022 6* （0.014 0）	0.021 2*** （0.008 0）	−0.074 9** （0.037 8）	0.000 2 （0.025 3）	0.039 4*** （0.010 7）	−0.008 9 （0.100 6）	0.022 1 （0.028 4）
Momentum	−0.004 3* （0.002 6）	−0.037 9 （0.030 5）	−0.013 3* （0.007 3）	−0.006 6** （0.003 3）	0.038 5*** （0.011 2）	−0.027 9*** （0.011 7）	0.002 8 （0.004 0）	−0.074 3** （0.034 9）	0.013 6 （0.020 0）
BAS	−0.054 7 （0.052 9）	−1.188 4 （0.962 1）	−0.183 7 （0.344 3）	−0.272 5** （0.119 3）	−0.458 2** （0.207 3）	−0.002 1 （0.280 4）	0.031 0 （0.129 7）	−0.747 9 （0.964 9）	−0.188 2 （0.408 8）
TD_1	−0.000 2 （0.000 8）	0.007 8 （0.008 7）	−0.000 6 （0.002 7）	−0.000 5* （0.000 3）	−0.001 8 （0.001 2）	0.000 9 （0.003 3）	0.000 3 （0.000 9）	0.009 5 （0.008 6）	−0.001 6 （0.003 0）
TD_2	0.000 5 （0.000 7）	0.009 0 （0.009 1）	0.001 7 （0.001 5）	−0.000 3 （0.000 2）	0.000 5 （0.001 0）	0.000 2 （0.000 8）	0.000 8 （0.000 8）	0.008 5 （0.009 1）	0.001 5 （0.001 4）

续表

变量	永久冲击			总冲击			暂时冲击		
百分比 /%	50～100（89.92）	101～200（6.63）	> 200（3.45）	50～100（89.92）	101～200（6.63）	> 200（3.45）	50～100（89.92）	101～200（6.63）	> 200（3.45）
TD_3	0.000 4	0.008 2	0.001 2	−0.000 3	−0.000 7	0.000 2	0.000 6	0.008 9	0.000 9
	（0.000 8）	（0.007 2）	（0.001 0）	（0.000 3）	（0.001 3）	（0.001 2）	（0.000 8）	（0.007 4）	（0.001 6）
TD_4	0.000 5	0.010 1	0.001 1	$-0.000\ 5^{*}$	−0.000 7	9.27×10^{-5}	0.001 0	0.010 8	0.001 0
	（0.000 8）	（0.009 2）	（0.001 0）	（0.000 3）	（0.001 1）	（0.001 0）	（0.000 8）	（0.009 3）	（0.001 3）
TD_5	0.000 2	0.009 3	$0.002\ 0^{*}$	$-0.001\ 0^{***}$	−0.000 4	0.001 0	0.001 2	0.009 6	0.001 1
	（0.000 8）	（0.009 0）	（0.001 1）	（0.000 3）	（0.001 0）	（0.001 1）	（0.000 8）	（0.009 0）	（0.001 2）
TD_6	0.000 6	0.008 9	0.001 4	0.000 2	8.21×10^{-5}	$0.004\ 3^{**}$	0.000 5	0.008 8	−0.002 9
	（0.000 8）	（0.008 4）	（0.001 2）	（0.000 6）	（0.001 1）	（0.002 2）	（0.000 9）	（0.008 5）	（0.002 5）
TD_7	0.000 6	0.009 7	0.001 3	$-0.000\ 5^{*}$	-7.63×10^{-6}	0.000 2	0.001 1	0.009 6	0.001 1
	（0.000 7）	（0.008 7）	（0.001 3）	（0.000 3）	（0.000 7）	（0.001 0）	（0.000 8）	（0.008 7）	（0.001 6）
TD_8	3.02×10^{-5}	0.008 9	$0.002\ 0^{**}$	$-0.000\ 5^{**}$	0.000 5	0.001 5	0.000 5	0.008 4	0.000 4
	（0.000 7）	（0.007 8）	（0.000 9）	（0.000 2）	（0.000 8）	（0.001 2）	（0.000 7）	（0.007 8）	（0.001 3）
TD_9	0.000 3	0.007 5	$0.002\ 5^{*}$	$-0.000\ 4^{**}$	−0.000 4	−0.000 1	0.000 7	0.007 8	0.002 6
	（0.000 7）	（0.007 0）	（0.001 4）	（0.000 2）	（0.000 8）	（0.001 1）	（0.000 7）	（0.007 1）	（0.001 4）
DD_1	0.000 6	−0.011 4	$-0.002\ 0^{*}$	−0.000 5	0.000 1	−0.002 4	0.001 1	−0.011 4	0.000 3
	（0.000 9）	（0.010 8）	（0.001 1）	（0.000 3）	（0.001 7）	（0.001 5）	（0.000 9）	（0.011 0）	（0.001 6）
DD_2	0.000 6	0.001 2	−0.000 6	$-0.000\ 4^{*}$	-2.42×10^{-6}	−0.001 4	0.001 0	0.001 2	0.000 7
	（0.000 9）	（0.001 6）	（0.001 3）	（0.000 2）	（0.000 8）	（0.001 2）	（0.000 9）	（0.001 8）	（0.001 7）

续表

变量	永久冲击			总冲击			暂时冲击		
百分比 /%	50～100（89.92）	101～200（6.63）	＞200（3.45）	50～100（89.92）	101～200（6.63）	＞200（3.45）	50～100（89.92）	101～200（6.63）	＞200（3.45）
DD_3	0.000 8	0.0015 4	−0.001 6	0.000 2	−0.000 4	−0.001 9	0.000 7	0.001 9	0.000 2
	（0.000 9）	（0.001 3）	（0.001 3）	（0.000 3）	（0.000 8）	（0.001 4）	（0.000 9）	（0.001 5）	（0.002 0）
DD_4	0.000 5	0.000 3	−0.001 4	−0.000 3	−0.001 2	−0.002 3*	0.000 8	0.001 5	0.000 8
	（0.000 9）	（0.001 2）	（0.001 2）	（0.000 2）	（0.000 8）	（0.001 2）	（0.000 9）	（0.001 4）	（0.001 6）
MD_1	0.000 3	0.000 2	0.001 5	0.000 2	−0.001 5	0.001 0	7.93×10^{-5}	0.001 6	0.000 5
	（0.000 6）	（0.002 1）	（0.001 0）	（0.000 4）	（0.001 1）	（0.000 7）	（0.000 6）	（0.002 1）	（0.001 1）
MD_2	0.000 4	0.002 3	−0.000 6	0.000 6	0.002 4	0.002 1	−0.000 1	0.000 2	−0.002 6
	（0.000 5）	（0.002 6）	（0.000 9）	（0.000 5）	（0.002 2）	（0.001 8）	（0.000 6）	（0.003 2）	（0.002 3）
MD_3	-7.77×10^{-5}	0.004 2	0.001 0	-6.88×10^{-5}	0.000 4	−0.001 0	-1.04×10^{-6}	0.003 8	0.002 0
	（0.000 5）	（0.002 9）	（0.000 7）	（0.000 4）	（0.001 0）	（0.001 2）	（0.000 5）	（0.002 8）	（0.001 5）
MD_4	−0.000 9	0.002 1	0.000 7	-7.69×10^{-5}	0.000 1	0.001 4	−0.000 8	0.002 1	−0.000 6
	（0.001 4）	（0.002 2）	（0.000 8）	（0.000 4）	（0.001 1）	（0.001 0）	（0.001 4）	（0.002 1）	（0.001 0）
MD_5	−0.000 4	−0.000 8	−0.001 8	−0.000 2	0.000 3	−0.000 5	−0.000 2	−0.001 0	−0.001 3
	（0.000 5）	（0.002 1）	（0.001 2）	（0.000 4）	（0.001 1）	（0.001 0）	（0.000 5）	（0.002 1）	（0.001 9）
MD_6	0.000 4	0.001 1	−0.000 5	0.000 3	-9.19×10^{-7}	0.001 1	0.000 1	0.001 1	−0.001 6
	（0.000 5）	（0.002 4）	（0.001 0）	（0.000 4）	（0.001 0）	（0.001 6）	（0.000 5）	（0.002 5）	（0.001 4）
MD_7	6.23×10^{-5}	0.001 2	0.000 6	−0.000 2	0.001 1	−0.001 5	0.000 3	0.000 2	0.002 1
	（0.000 5）	（0.001 9）	（0.001 4）	（0.000 4）	（0.001 1）	（0.002 6）	（0.000 6）	（0.002 0）	（0.001 9）

续表

变量	永久冲击			总冲击			暂时冲击		
百分比 /%	50～100（89.92）	101～200（6.63）	> 200（3.45）	50～100（89.92）	101～200（6.63）	> 200（3.45）	50～100（89.92）	101～200（6.63）	> 200（3.45）
MD_8	0.000 4	0.002 4	0.003 5***	0.000 3	−0.001 1	0.000 4	2.14×10^{-5}	0.003 5	0.003 2
	（0.000 5）	（0.002 8）	（0.001 3）	（0.000 4）	（0.001 1）	（0.001 4）	（0.000 6）	（0.002 6）	（0.002 1）
MD_9	0.000 4	0.001 7	0.001 2	8.08×10^{-5}	0.000 3	0.002 5	0.000 3	0.001 5	−0.001 3
	（0.000 5）	（0.002 1）	（0.000 8）	（0.000 5）	（0.001 8）	（0.002 0）	（0.000 6）	（0.003 0）	（0.001 7）
MD_{10}	0.000 2	−0.001 4	0.000 7	2.79×10^{-5}	−0.001 0	−0.000 7	0.000 2	−0.000 3	0.001 3
	（0.000 5）	（0.002 8）	（0.001 1）	（0.000 4）	（0.001 4）	（0.001 2）	（0.000 5）	（0.003 0）	（0.001 5）
MD_{11}	0.000 1	−0.014 7	−0.001 0	0.000 1	0.000 4	−0.000 5	-3.26×10^{-5}	−0.015 1	−0.000 6
	（0.000 5）	（0.015 9）	（0.000 9）	（0.000 4）	（0.001 3）	（0.000 7）	（0.000 5）	（0.016 1）	（0.001 1）
Constant	−0.001 8	−0.013 6	−0.001 9	0.000 7	−0.001 3	0.002 0	−0.002 3	−0.012 6	−0.001 3
	（0.001 7）	（0.009 5）	（0.001 8）	（0.000 6）	（0.001 2）	（0.002 0）	（0.001 8）	（0.009 6）	（0.002 4）
Observations	7514	554	288	7514	554	288	7514	554	288
R^2	0.002 7	0.036 3	0.164 6	0.023 2	0.220 8	0.248 4	0.006 6	0.035 9	0.190 1

注：***、** 和 * 分别表示 1%、5% 和 10% 统计水平显著。

表4.3展示了2008年1月至2011年4月在ECX平台上执行的12月到期EUAs期货合约的所有大宗买入交易的回归结果。表中一起展示了系数与标准误差（括号中），使用Newey和West异方差和自相关一致协方差矩阵的OLS估计以下回归：

$$PI_t = \gamma_0 + \gamma_x X_t + \gamma_2 \sum_{i=1}^{9} TD_i + \gamma_3 \sum_{i=1}^{4} DD_i + \gamma_4 \sum_{i=1}^{11} MD_i + \varepsilon_t$$

其中，PI_t对应3种价格冲击程度之一：总价格冲击、永久价格冲击和暂时价格冲击。解释变量计算如下。X_t是包含六个解释变量（*Size*、*Volatility*、*Turnover*、*Market return*、*Momentum*和*BAS*）的向量，定义如下。TD_i、DD_i和MD_i是一天中的时间（h）、周内天数和一年中的月份的虚拟变量，并在下面进一步定义。*Size*代表每笔大宗交易的12月到期期货合约数量的自然对数；*Volatility*是交易日大宗交易前交易—交易回报的标准差；*Turnover*是大宗交易前一个交易日期货合约换手率的自然对数，换手率是大宗交易前总交易量与现行未平仓合约估计的比率；*Market return*是由ECX计算的EUAs期货合约特定指数的回报；*Momentum*对应大宗交易前5天特定EUAs期货合约的累计收益；*BAS*是执行大宗交易时的现行相对买卖价差，买卖价差是以大宗交易前的最后卖价减去大宗交易前的最后买价，再除以两个价格的平均值来衡量的。如果大宗交易发生在交易日的第一个小时（1）到第九个小时（9）的任何相应交易时间内，则TD_1到TD_9等于1，否则等于0。如果大宗交易发生在从交易周的星期一（1）到星期四（4）中的任何一天，则DD_1到DD_4等于1，否则等于0。如果大宗交易发生在1月（1）至11月（11）中的任何相应月份，则MD_1至MD_{11}等于1，否则为0。一份EUAs期货合约的标的为1 000个EUAs。

中等规模的大宗交易组与（超过）最大的大宗交易组之间的差异（绝对优势），与Barclay和Warner在检验了大宗交易价格对纽约证券交易所股票价格的影响后提出的假设和证据是一致的。在他们的样本中，大部分累积股价变化是由中等规模的交易引起的。在这里，模式中有趣的一点在于，100 000EUAs可能是价格冲击效应的阈值。我们已经证明，小型大宗交易引发的暂时价格冲击大于永久价格冲击，这意味着这一组中的大多数交易是寻求流动性的。这一点，再加上大量的50 000EUAs的小型大宗交易，表明市场将价值等量于50 000EUAs的交易视为大宗交易的观点正在逐渐削弱。ECX设定了大宗交易的标准，目前根据交易所规则，这一标准为50 000个EUAs。但是，市场为应对新兴的交易文化从而引发结构性转变。作为EU-ETS平台，ECX是政治行动的产物，可能不会像作为财富创造引擎的常规市场那样受到同样的期望。即便如此，市场似乎也逐渐形成自己的生命。然而，这并不能解释为什么最大的大宗交易类别比中等规模类别显示出更少的价格冲击效应。Barclay 和 Warner 认为，在某些情况下，知情交易者通常不会进行大规模交易，而是会将交易分割成较小的规模，这些规模属于中等规模类别，因此出现了不对称现象。此外，我们认为有以下解释：在 3 年零 4 个月的时间里，在 ECX 进行屏幕购买超过 200 000EUAs 的大宗交易的频率非常低（3.45%）。低频率水平可能是导致低系数估计的一个因素。不常见的交易规模引起的价格反应可能比那些较为常见的交易规模引起的价格反应要少。此外，在我们的数据集中，超过 98% 的大宗交易发生在正常交易日的第一个小时之外。中等规模类别的总冲击系数表明，对于这组交易，较大的价格冲击发生在交易日的第一个小时。因此，与在一天中第一个小时内进行的交易相比，在一天中的其他时段内进行的交易产生价格冲击的可能性更小，所以在正常交易日的其他时段内，对此类交易的价格反应普遍降低，从而减弱了大宗交易的影响。对于总冲击估计，方程估计的 R^2 范围为 2.32%～24.84%，这表明该模型具有很强的解释力，尤其是对于大宗交易。这进一步证明了它们的信息量。

表 4.4 显示了大宗卖出交易的结果。我们观察到的趋势与表 4.3 中的趋势相似，样本中约 91% 已执行交易是小型大宗交易。同样，与购买估计一样，显著不同于零的系数很少。与大宗买入交易结果一样，表 4.4 中的结果与表 4.2 中的大宗卖出交易估算值一致。然而，与大宗买入交易不同的是，与较大的大宗交易相比，小型大宗交易对表 4.2 中观察到的价格冲击方向的贡献更大。唯一的例外似乎是由波动造成的暂时冲击，这主要是由中型大宗交易造成的。中型大宗交易为负值且统计上显著，这表明波动性的增加会导致中型大宗交易的价格冲击更大。小型和大型大宗交易的情况正好相反。与 Alzahrani 等的研究一致，小型大宗交易的显著总效应系数大于大型大宗交易。这表明较小规模的大宗卖出交易比较大规模的所包含的信息更为丰富。一直以来，专业交易员会将大宗交易拆分为小型交易，以避免其信息内容被提前发现。尽管微观结构研究表明，知情交易也可以从交易的方向和频率中辨别出来，但分割交易可能会减弱大宗交易的价格冲击。市场回报的永久冲击系数似乎支持这一观点。因此，小型大宗交易有更大的价格冲击，因为它们被认为所含的信息量更大。

表 4.4　价格冲击和大宗交易规模（卖出）的决定因素

变量	永久冲击			总冲击			暂时冲击		
百分比 /%	50～100（90.85）	101～200（5.91）	＞200（3.24）	50～100（90.85）	101～200（5.91）	＞200（3.24）	50～100（90.85）	101～200（5.91）	＞200（3.24）
Size	$-1.62\times10^{-5***}$	1.36×10^{-6}	-3.91×10^{-7}	$-4.26\times10^{-6**}$	-1.23×10^{-7}	$-2.09\times10^{-6**}$	-1.99×10^{-6}	1.50×10^{-6}	1.71×10^{-6}
	(4.32×10^{-6})	(5.83×10^{-6})	(1.41×10^{-6})	(2.04×10^{-6})	(3.09×10^{-6})	(9.42×10^{-7})	(3.48×10^{-6})	(4.36×10^{-6})	(1.22×10^{-6})
Volatility	0.042 6	0.195 3	0.148 6	0.2091^{**}	0.4329^{**}	-0.4295^{*}	0.033 0	-0.2366^{***}	0.5814^{**}
	（0.116 7）	（0.284 6）	（0.221 1）	（0.092 0）	（0.209 4）	（0.257 6）	（0.069 8）	（0.081 9）	（0.270 0）
Turnover	−0.002 0	−0.009 9	0.001 0	0.066 8	−0.115 7	0.068 2	-0.2682^{***}	0.016 6	−0.068 0
	（0.003 3）	（0.003 7）	（0.011 6）	（0.199 4）	（0.219 3）	（0.052 5）	（0.043 2）	（0.217 3）	（0.101 3）
Market return	0.0182^{***}	0.015 8	0.008 3	0.0125^{***}	0.005 9	0.0247^{***}	0.005 7	0.009 9	-0.0165^{*}
	（0.005 8）	（0.011 9）	（0.009 6）	（0.003 3）	（0.007 6）	（0.006 0）	（0.005 3）	（0.008 6）	（0.009 5）
Momentum	−0.001 3	−0.006 3	-0.0222^{***}	−0.001 2	−0.001 2	-0.0111^{***}	-9.88×10^{-6}	−0.005 1	-0.0111^{**}
	（0.002 5）	（0.005 6）	（0.006 2）	（0.001 3）	（0.002 7）	（0.003 8）	（0.002 1）	（0.004 7）	（0.004 8）
BAS	0.2873^{**}	-0.3524^{***}	0.260 9	0.154 8	-0.3334^{***}	0.157 8	0.031 4	−0.020 3	0.104 4
	（0.139 4）	（0.129 0）	（0.338 7）	（0.108 2）	（0.093 5）	（0.332 2）	（0.081 0）	（0.132 2）	（0.115 9）
TD_1	0.000 3	0.000 7	−0.001 8	0.0003^{*}	0.000 3	-0.0018^{*}	-1.39×10^{-5}	0.000 4	-7.10×10^{-6}
	（0.000 3）	（0.000 5）	（0.001 2）	（0.000 2）	（0.000 4）	（0.001 0）	（0.000 3）	（0.000 3）	（0.000 7）
TD_2	−0.000 1	0.000 8	−0.000 3	−0.000 1	0.000 7	−0.000 4	2.58×10^{-5}	6.38×10^{-5}	8.66×10^{-5}
	（0.000 3）	（0.000 6）	（0.000 9）	（0.000 2）	（0.000 5）	（0.000 6）	（0.000 2）	（0.000 4）	（0.000 9）
TD_3	0.000 2	0.000 5	−0.000 7	9.14×10^{-5}	0.000 2	-0.0008^{**}	7.98×10^{-5}	0.000 3	9.35×10^{-5}
	（0.000 3）	（0.000 8）	（0.000 8）	（0.000 2）	（0.000 4）	（0.000 4）	（0.000 2）	（0.000 6）	（0.000 6）

续表

变量	永久冲击			总冲击			暂时冲击		
百分比 /%	50～100（90.85）	101～200（5.91）	＞200（3.24）	50～100（90.85）	101～200（5.91）	＞200（3.24）	50～100（90.85）	101～200（5.91）	＞200（3.24）
TD_4	-7.15×10^{-5}	0.000 7	$0.001\ 2^{*}$	5.55×10^{-5}	0.000 3	0.000 4	−0.000 1	0.000 4	0.000 8
	（0.000 3）	（0.000 6）	（0.000 7）	（0.000 2）	（0.000 4）	（0.000 5）	（0.000 2）	（0.000 4）	（0.000 5）
TD_5	$-0.000\ 6^{**}$	0.000 4	0.000 4	$-0.000\ 3^{**}$	0.000 4	-8.39×10^{-5}	−0.000 3	-2.58×10^{-5}	0.000 4
	（0.000 3）	（0.000 6）	（0.000 7）	（0.000 2）	（0.000 3）	（0.000 4）	（0.000 2）	（0.000 5）	（0.000 6）
TD_6	0.000 4	0.000 2	$0.001\ 4^{**}$	$0.000\ 3^{*}$	0.000 2	0.000 3	6.38×10^{-5}	7.78×10^{-6}	$0.001\ 1^{*}$
	（0.000 3）	（0.000 6）	（0.000 7）	（0.000 2）	（0.000 4）	（0.000 3）	（0.000 2）	（0.000 5）	（0.000 6）
TD_7	8.43×10^{-5}	−0.000 1	$0.001\ 6^{**}$	3.77×10^{-5}	0.0001 2	0.000 4	4.75×10^{-5}	−0.000 3	0.001 2
	（0.000 3）	（0.000 5）	（0.000 8）	（0.000 1）	（0.000 4）	（0.000 4）	（0.000 2）	（0.000 4）	（0.000 8）
TD_8	$-0.000\ 5^{**}$	−0.000 6	0.001 3	$-0.000\ 3^{**}$	−0.000 3	0.000 3	−0.000 2	−0.000 3	$0.001\ 1^{*}$
	（0.000 3）	（0.000 6）	（0.000 9）	（0.000 1）	（0.000 3）	（0.000 6）	（0.000 2）	（0.000 5）	（0.000 6）
TD_9	−0.000 3	0.000 8	$0.002\ 0^{**}$	$-0.000\ 3^{**}$	0.000 1	0.000 3	-1.59×10^{-5}	$0.000\ 7^{*}$	$0.001\ 7^{***}$
	（0.000 3）	（0.000 5）	（0.000 8）	（0.000 1）	（0.000 4）	（0.000 6）	（0.000 2）	（0.000 4）	（0.000 6）
DD_1	0.000 3	−0.000 1	5.54×10^{-5}	4.61×10^{-5}	0.000 2	$-0.001\ 1^{**}$	0.000 2	−0.000 3	$0.001\ 1^{*}$
	（0.000 3）	（0.000 5）	（0.000 7）	（0.000 1）	（0.000 4）	（0.000 5）	（0.000 2）	（0.000 4）	（0.000 6）
DD_2	0.000 1	$-0.001\ 3^{***}$	6.51×10^{-5}	-8.76×10^{-5}	−0.000 3	$-0.001\ 0^{**}$	0.000 2	−0.001 0	$0.001\ 0^{*}$
	（0.000 3）	（0.000 4）	（0.000 6）	（0.000 1）	（0.000 3）	（0.000 4）	（0.000 2）	（0.000 3）	（0.000 6）
DD_3	0.000 1	3.57×10^{-5}	-9.30×10^{-5}	0.000 2	0.000 2	−0.000 6	-3.55×10^{-5}	−0.000 2	0.000 5
	（0.000 2）	（0.000 5）	（0.000 7）	（0.000 1）	（0.000 3）	（0.000 5）	（0.000 2）	（0.000 4）	（0.000 5）

续表

变量	永久冲击			总冲击			暂时冲击		
百分比 /%	50～100 （90.85）	101～200 （5.91）	＞200 （3.24）	50～100 （90.85）	101～200 （5.91）	＞200 （3.24）	50～100 （90.85）	101～200 （5.91）	＞200 （3.24）
DD_4	−0.000 2 （0.000 2）	−0.001 0** （0.000 4）	−0.000 6 （0.000 7）	2.06×10^{-5} （0.000 1）	−0.000 5 （0.000 3）	−0.001 1*** （0.000 4）	−0.000 2 （0.000 2）	−0.000 5 （0.000 4）	0.000 5 （0.000 6）
MD_1	0.000 6* （0.000 4）	0.000 7 （0.000 6）	0.003 0** （0.001 3）	0.000 8*** （0.000 2）	0.000 2 （0.000 4）	0.001 5** （0.000 7）	−0.000 2 （0.000 3）	0.000 4 （0.000 4）	0.001 5* （0.000 9）
MD_2	0.000 9** （0.000 4）	3.06×10^{-5} （0.000 6）	0.003 2*** （0.001 2）	0.000 7*** （0.000 2）	0.000 3 （0.000 4）	0.000 9 （0.000 6）	0.000 3 （0.000 3）	−0.000 3 （0.000 4）	0.002 3*** （0.000 8）
MD_3	0.000 7* （0.000 3）	5.19×10^{-5} （0.000 6）	0.003 6*** （0.001 0）	0.000 5** （0.000 2）	2.42×10^{-5} （0.000 4）	0.001 6** （0.000 6）	0.000 2 （0.000 3）	2.68×10^{-5} （0.000 4）	0.002 0*** （0.000 7）
MD_4	0.000 6* （0.000 3）	0.000 8 （0.000 8）	0.002 9** （0.001 1）	0.000 6*** （0.000 2）	0.000 7 （0.000 5）	0.001 9*** （0.000 7）	1.87×10^{-5} （0.000 3）	0.000 1 （0.000 5）	0.001 0 （0.000 7）
MD_5	0.000 3 （0.000 4）	−0.000 1 （0.000 6）	0.002 3** （0.001 0）	0.000 5** （0.000 3）	−0.000 3 （0.000 3）	0.002 3*** （0.000 7）	−0.000 2 （0.000 3）	0.000 1 （0.000 4）	9.29×10^{-5} （0.000 6）
MD_6	0.001 0** （0.000 4）	0.000 6 （0.000 6）	0.002 4* （0.001 3）	0.000 8*** （0.000 3）	0.000 4 （0.000 4）	0.001 2 （0.000 8）	0.000 2 （0.000 3）	0.000 2 （0.000 5）	0.001 1* （0.000 7）
MD_7	0.001 3*** （0.000 4）	-1.44×10^{-5} （0.000 7）	0.002 3* （0.001 3）	0.000 8*** （0.000 3）	3.80×10^{-5} （0.000 4）	0.001 6** （0.000 8）	0.000 5 （0.000 3）	-5.16×10^{-5} （0.000 6）	0.000 6 （0.000 9）
MD_8	0.000 2 （0.000 4）	0.000 9 （0.000 8）	0.005 4*** （0.001 6）	0.000 5** （0.000 2）	0.000 9 （0.000 6）	0.002 7*** （0.000 8）	−0.000 3 （0.000 4）	5.79×10^{-5} （0.000 5）	0.002 7*** （0.001 0）

续表

变量	永久冲击			总冲击			暂时冲击		
百分比 /%	50～100（90.85）	101～200（5.91）	> 200（3.24）	50～100（90.85）	101～200（5.91）	> 200（3.24）	50～100（90.85）	101～200（5.91）	> 200（3.24）
MD_9	0.000 5	−0.000 5	0.002 9***	0.000 7***	−0.000 3	0.000 7	−0.000 2	−0.000 1	0.002 2***
	（0.000 3）	（0.001 3）	（0.001 0）	（0.000 2）	（0.000 4）	（0.000 7）	（0.000 3）	（0.001 0）	（0.000 6）
MD_{10}	0.000 5	−0.000 9	0.002 6***	0.000 5*	−0.000 3	0.001 0**	4.53×10^{-5}	−0.000 6	0.001 6***
	（0.000 5）	（0.001 0）	（0.000 9）	（0.000 3）	（0.000 5）	（0.000 6）	（0.000 3）	（0.000 7）	（0.000 6）
MD_{11}	0.000 5	0.000 1	0.003 1***	0.000 5**	0.000 1	0.000 9*	-3.50×10^{-5}	-4.21×10^{-6}	0.002 2***
	（0.000 3）	（0.000 6）	（0.001 0）	（0.000 2）	（0.000 4）	（0.000 6）	（0.000 3）	（0.000 4）	（0.000 6）
Constant	0.000 3	0.000 1	−0.003 4***	-6.20×10^{-5}	-7.09×10^{-5}	0.000 5	0.000 3	0.000 2	−0.003 9***
	（0.000 5）	（0.001 0）	（0.001 1）	（0.000 3）	（0.000 6）	（0.000 7）	（0.000 4）	（0.000 7）	（0.000 8）
Observations	7 594	494	271	7 594	494	271	7 594	494	271
R^2	0.022 8	0.085 7	0.208 9	0.028 9	0.134 2	0.251 7	0.010 2	0.061 3	0.246 7

注：***、** 和 * 分别表示 1%、5% 和 10% 统计水平上显著。

表4.4报告了2008年1月至2011年4月在ECX平台上执行的12月到期EUAs期货合约的所有大宗卖出交易的回归结果。表中一起报告了系数与标准误差（括号中）。使用Newey和West异方差和自相关一致协方差矩阵的OLS估计以下回归：

$$PI_t = \gamma_0 + \gamma_x X_t + \gamma_2 \sum_{i=1}^{9} TD_i + \gamma_3 \sum_{i=1}^{4} DD_i + \gamma_4 \sum_{i=1}^{11} MD_i + \varepsilon_t$$

其中，PI_t对应3种价格冲击程度之一：总价格冲击、永久价格冲击和暂时价格冲击。解释变量计算如下。X_t包含六个解释变量（*Size*、*Volatility*、*Turnover*、*Market return*、*Momentum*和*BAS*）的向量，定义如下。TD_i、DD_i和MD_i是一天中的时间（h）、周内天数和一年中的月份的虚拟变量，并在下面进一步定义。*Size*代表每笔大宗交易的12月到期期货合约数量的自然对数；*Volatility*是交易日大宗交易前交易—交易回报的标准差；*Turnover*是大宗交易前一个交易日期货合约换手率的自然对数，换手率是大宗交易前总交易量与现行未平仓合约估计的比率；*Market return*是由ECX计算的EUAs期货合约特定指数的回报；*Momentum*对应大宗交易前5天特定EUAs期货合约的累计收益；*BAS*是执行大宗交易时的现行相对买卖价差，买卖价差是以大宗交易前的最后卖价减去大宗交易前的最后买价，再除以两个价格的平均值来衡量的。如果大宗交易发生在交易日的第一个小时（1）到第九个小时（9）的任何相应交易时间内，则TD_1到TD_9等于1，否则等于0。如果大宗交易发生在从交易周的星期一（1）到星期四（4）中的任何一天，则DD_1到DD_4等于1，否则等于0。如果大宗交易发生在1月（1）至11月（11）中的任何相应月份，则MD_1至MD_{11}等于1，否则为0。一份EUAs期货合约的标的为1 000EUAs。

表4.4中值得注意的另一组有趣的结果是，动量（Momentum）系数始终为负值，与表4.2一致。结合前面表格中的大宗买入估计，我们可以看出，ECX上的大宗买入交易行为与Saar（累积滞后回报降低价格冲击）以及Frino等（更大的价格上涨导致更大的价格冲击）的大宗卖出交易行为基本一致。与时间相关的虚拟结果在性质上类似表4.2中的大宗卖出交易估计。R^2总体比之前的回归更大，该模型更适合解释大型大宗卖出交易的价格冲击；对于最大规模的大宗卖出交易，R^2范围为20.89%～25.17%。表4.4所示的总趋势表明，在ECX上执行的大宗卖出交易总体上比大宗买入交易更不可能引起价格冲击。

4.5 本章小结

本研究的主要发现是，排放许可证市场中大宗交易的价格冲击与传统金融市场中大宗交易的价格冲击有很大不同，排放许可证市场的价格冲击通常低于传统金融市场。大宗交易是 EU-ETS 中越来越多的大量的欧元交易，因为更多的交易者通过平台而不是场外交易避免交易对手风险。但是，大多数场外交易在交易所登记，以避免此类风险。因此，我们的研究对 CFI 交易者和交易所运营商都具有重要意义。通过研究大宗交易的决定因素，我们可以更好地理解规模大于常规交易的交易对环境平台的影响。这种理解对监管机构和交易所运营商是有用的，它将有助于思考市场设计。例如，对于大宗买入交易，我们发现，在 50 000～100 000EUAs 的阈值范围内和高于 200 000EUAs 的阈值范围内，ECX 大宗交易对价格的影响很小；相反，对于 100 000～200 000EUAs 的中型大宗交易影响更大。这表明平台运营商对价格和交易动态的预期与市场参与者的观点之间存在差异。

结果显示，ECX 上大多数大宗交易是交易所设立的 50 000EUAs 的最小规模的大宗交易。买方和卖方发起的大宗交易都是如此；它还表明，ECX 大宗交易双方的交易员在下单方面采用了相同的交易策略。有证据表明，隐蔽交易是该平台上大多数大宗交易商采用的一种策略。大宗交易的交易量很低——是我们最终样本中总计 961 131 笔交易中的 16 715 笔（1.74%）——这也表明，迄今为止，大宗交易的意图可能是通过将总大宗订单拆分为低于 50 000EUAs 大宗交易阈值的交易来执行的。EU-ETS 的性质强化了这一可能性，在该体系中，大多数参与者要么是大型合规交易商，要么是机构投资者，他们预计会进行大规模交易。与传统工具相比，碳期货对 ECX 的价格冲击很小，在统计上很不显著。缺乏对大宗交易的价格反应可以被视为交易量不足的可能后果。尽管 EU-ETS 的交易有所增长，但与成熟市场相比仍然很低。由于没有价格反应，因此从价格冲击中获益的机会也很小。我们发现了一些买方和卖方发起的大宗交易的价格冲击不对称的证据。一些结果还表明，在买方发起的交易中，卖方而不是买方支付了溢价，这显然与许多研究相矛盾。然而，如果考虑市场结构，卖方而不是买方在 ECX 上支付溢价并不奇怪。ECX 是排放许可证的衍生品交易所，每年只需上缴一次。因此，在大多数交易日，许可证主要是对冲工具。履约买家不需要常年持有基础工具，因此只需要在市场中持有多头头寸，以确保他们免受违规处罚。如果他们持有多余的工具，他们可以进行空头头寸。考虑到除非上缴许可证，否则许可证对履约交易者没有什么价值，因此即使是买方发起的交易，许多人也可能会做出让步以出售许可证，而这种变现可能会首先激起买方的兴趣。

本章的研究还证明，较低的价格冲击具有更大的价差。对于买方发起的大宗交易订单，交易执行在交易日中间比在第一个和最后一个交易小时对 ECX 的价格冲击更大。我们发现，有证据表明正向的价格上涨有可能导致较低的价格冲击，也有可能导致较高的价格冲击，这取决于交易标志。对于大宗买入，当交易发生在价格上涨之后时，价格冲击较小；而对于大宗卖出来说，则有较大的价格冲击。然而，大宗交易规模对此也有依赖性，如第 4.4 节所示。在许多情况下，信息量最大的交易并不是最大的交易，而是中型（对大多数买入交易而言）和小型（对大多数卖出交易）的交易。因此，政策制定者必须确保排放市场的监管与交易创新保持同步。我们的研究结果也会对 EU-ETS 的参与者有益，他们必须交易排放工具以达到履约的目的。这类参与者更有可能进行大宗交易。因此，本研究的发现可以为他们的交易策略提供参考。具体而言，我们在本章中发现的与传统平台的不同之处，强调了为达到市场所需的交易复杂程度而重新调整交易方向的必要性。

---

1. 本章研究基于 Ibikunle 等（2016）。

2. 楼上交易是指由经纪人和经纪商促成的交易，这种交易通常不为市场所知。感兴趣的各方将其订单通知其经纪人 / 经纪商，而经纪人 / 经纪商寻找对手方来接受这种订单交易，对手方也是经纪人 / 经纪商。楼下市场是中央限价订单簿（CLOB），所有订单都是匿名提交的，除了在登记或取消之前会显示。

3. 卖空价规则（Lee&Ready，1991）也用于非常类似的交易标志分类划分。

4. 就鲁棒性而言，我们考虑基于成交量加权价格冲击指标的分析，以消除数据中的一些噪声，如果这些噪声确实很显著的话。我们发现结果在数量上是相似的。其主要原因是，大约 90% 的大宗交易属于 50 000～100 000 EUAs 规模类别，因此这些交易大多具有类似的乘积系数。

5. 我们还使用了交易工具的普通数量、大宗交易的欧元价值的自然对数、相对于平均每日交易数量的工具，以及相对于平均每日交易价值的欧元。正如 Frino 等（2007）的研究一样，交易工具数量的自然对数提供了最佳拟合。

6. 我们还使用了与 Alzahrani 等（2013）的交易执行价格的标准差，结果在数量上也是相似的。

7. 我们还使用未平仓合约本身作为衡量流动性的指标。然而，所获得的结果在所有模型中都不太显著。

8. 由于预期更高的波动水平将导致更高的大宗交易价格冲击，因此，当市场波动性变得相对较大时，大宗买入将引起正向价格冲击，而大宗卖出交易将引起负向价格冲击。

9. 与之前的研究一致，我们还将交易日划分为 3 个时间段，以测试日内周期依赖性。结果在性质上相似。

第 5 章 碳金融工具交易的流动性效应

Chapter 5

5.1 引言

大量研究认为流动性是ETS成功的先决条件。ETS需要有足够多的参与者，才能确保定期发生足够数量的交易；这样才能向市场发出明确的价格信号。平台的分散可能会抑制流动性的生成，特别是在全球碳市场这样的新兴市场。交易平台分散导致的流动性风险可能是EU-ETS一种潜在的风险，EU-ETS第一阶段的低交易量就是证明。流动性是投资者在任何金融市场交易前寻找的最重要的特征之一。具体而言，金融市场参与者通常认为，如果无论交易量和规模如何，都能够以合理的速度对市场工具进行交易，并且对工具的价格冲击很小或没有影响，那么这个市场就是具有流动性的。因此，流动证券交易的交易成本低，交易结算容易，而且不对称信息成本极低。对于新市场而言，低交易成本对于提高交易量至关重要，而交易量的提高是有效价格发现所必需的（见第3章）。鉴于流动性对EU-ETS的成功以及全球总量管制和交易计划的建立的重要性，在本章中，我们将研究EEX这一交易量明显低于ECX的EU-ETS平台上的特定期货合约的流动性效应。因此，如果我们希望找到流动性效应的证据，它最有可能发生在像EEX这样的平台上。我们通过调查EU-ETS第二阶段4个关键事件的影响来检验流动性效应。

从金融市场交易量的改善中不能直接推断出流动性。最近的实证研究表明，交易量的改善并不一定与流动性的增强有关。事实上，交易量和流动性在一段时间内相关性较弱。关于市场流动性和交易量相关性的早期研究表明这两者均呈负相关。最近，有研究利用道琼斯30种工业股票和其他工具证明，相对于换手率，买卖差价变化不大。Danielsson和Payne使用订单输入率（order entry rates）和深度指标（depth measures）作为流动性的代理指标，同样发现交易量和流动性之间存在负相关关系。

在EU-ETS的第一阶段，存在排放/碳排放许可的过度分配，再加上一系列限制性规定，导致市场在很大程度上缺乏流动性。可以说，该阶段市场质量的部分问题在于第一阶段只是一个试验阶段。事实上，这一阶段发生的事件也暗示了在后续阶段，特别是在第二阶段，即《京都议定书》的法定承诺期，可能会出现的问题。为了应对这些问题，并根据早期的设计初衷，第一阶段和第二阶段进行了监管调整（见第2章中表2.1中列出的大纲），还引入了更严格的总量管制。如果第二阶段实施的新法规和更严格的总量控制能成功减少碳排放配额的过度分配，并改善市场质量，那么人们预计，在该计划的这一阶段，EU-ETS的市场流动性会随着时间的推移而显著增加。我们在本书的导言中指出，金融市场的两个主要功能是价格发现和流动性，这两个功能既能反映市场质量，也能反映市场效率。因此本章考察自 EU-ETS 第二阶段交易开始以来，市场流动性是否有显著改善。我们预计，第一阶段的经验教训将有助于监管机构设计旨在改善市场流动性的新规则。我们的研究使用 2008 年 12 月 EEX 碳期货合约的交易数据，该合约在调查期间占 EEX 交易量的 70% 以上。2008 年 12 月合约在第一阶段开始交易，其基础许可证也在第一阶段发行，但是它只能上缴用于第二阶段排放的履约。因此，它是一种独特的工具，可用于研究阶段变化对流动性的影响。在本章研究中，我们还扩大了考察范围，以获得排放核查结果（2007 年和 2008 年履约年度）以及 2008 年 10 月 8 日欧盟委员会（EC）出台的第 994/2008 号法规的流动性效应。

之所以选择 EEX 平台，是因为本章研究主要考察流动性改善情况。EEX 的碳交易部门在试验阶段显然是流动性较差的平台之一。在第一阶段的早期阶段，有很长一段时间没有交易，交易价差很大。在第一阶段，大多数 EU-ETS 平台上的交易量都很小。因此，从第二阶段开始，流动性的显著改善可以很容易地在 EEX 上得到证实，而不是在流动性更强的 ECX 上。EEX 的低交易量为我们分析、捕捉流动性影响提供了显著的依据。此外，在流动性较差的平台中，它是唯一具有本研究所需的微观结构数据变量的平台。

关于 EU-ETS 流动性的现有文献仍然很少，极少数发表的论文，也没有直接关注市场流动性。有学者发现随着时间的推移，EU-ETS 的流动性有所改善。但是，由于他们只关注季度结果，所以他们的研究并不侧重于分析第二阶段交易启动和本书中考察的其他事件的流动性效应。本章对较短时间内交易量和流动性变化进行每日回顾，并考虑到交易量的演变。另一份未发表的手稿（在本书的导言部分中提到）考察了该计划第一阶段的流动性。这些论文与本研究没有直接关系，因为本研究的重点是 EU-ETS 第一阶段和第二阶段之间的流动性变化，以及其他尚未对流动性影响进行深入研究的事件。本书的导言中已经讨论了与本章研究相关的其他论文。

首先，我们使用市场模型，研究了时间跨越第二阶段过渡期的 181 d 的异常回报（abnormal return），也就是集中分析第二阶段交易首日前后的各 90 d；其次，我们研究了第二阶段 2008 年 12 月期货合约交易后的成交量变化；最后，应用买卖价差流动性指标的比率来确定流动性变化。我们采用基于买卖价差比率的方法是因为买卖价差可以充分衡量事件对金融工具流动性的影响。流动性指标在金融领域发挥着重要作用，因此也吸引了对鲁棒性的测试。一篇重要的论文中研究了金融文献中最常用的流动性指标。当以特定的基准进行衡量时，基于价差的流动性指标通常在鲁棒性方面胜出。

本章采用了报价比率和相对买卖价差的衡量指标。然而，如果许多交易以买入价和卖出价进行，那么相对买卖价差可能不是一个准确的衡量流动性的指标。由于本研究仅使用来自 EEX 的每日交易数据，因此无法确定价差内的交易量；为了鲁棒性，我们也采用了有效买卖价差指标。

本章得出的结果表明，在新的规则体系下，自过渡到第二阶段以来，流动性有了显著改善。这些改善并不仅限于第二阶段启动时；在过渡期后的 90 个交易日内，这些改善仍在持续。本研究还发现，在同一时期，交易量也有显著增加。将这些发现与欧盟委员会关于 2008 履约年净短期排放的报告结合起来看，可以发现，第二阶段交易期间引入的新的规则体系和更严格的总量控制，与迄今高度缺乏流动性的 EEX 市场质量的改善相关。此外，为了避免研究中日历效应（calendar effects）的可能性，本研究还考察了 2007 年和 2009 年交易开始时的流动性效应，发现短期内没有重大变化。但是，第二阶段中期引入新的平台安全相关政策［（EC）2008 年 10 月 8 日第 994/2008 号］似乎产生了相反的效果。我们所获得的结果表明，（EC）2008 年 10 月 8 日第 994/2008 号条例与 2009 年 12 月 EUAs 期货合约的流动性显著损失有关，因为有一些证据表明，在事件发生日期前后，短期流动性下降。该结果表明，2007 年和 2008 年履约结果的发布与短期和长期流动性改善有关。测试的事件均未显示任何 EEX EUA 期货合约的显著正异常回报。

本章其余部分安排如下：第 5.2 节讨论了 EEX 的交易环境。第 5.3 节报告了数据，第 5.4 节讨论了分析的方法和结果，第 5.5 节为本章小结。

5.2 EEX 的交易环境

EEX 目前提供排放配额现货和衍生品交易，作为其二级市场交易业务的一部分。与伦敦的 ECX 一样，EEX 交易最多的二级市场工具是每年 12 月到期的期货合约。EEX 上每份期货合约的标的为 1 000EUAs（1 000 t CO_2），结算形式为货银对付（delivery versus payment）。目前 12 月有两个交割日：12 月初和 12 月中旬，交易仅限于 12 月中旬的合约。电子交易在交易日的欧洲中部时间（CET）9:00—17:00 持续进行。报价以欧元为单位，做市商的最低报价为每吨 CO_2 0.01 欧元。直到最近，该交易所的唯一做市商是 RWE Supply and Trading GmbH。现在排放现货和期货各有两个做市商；排放现货是 Axpo Trading AG 和 Belektron d.o.o.，排放期货是 Vattenfall Energy Trading Netherlands N.V. 和 Belektron d.o.o.。尽管 EEX 在排放现货拍卖量方面处于市场领导者地位，但鉴于其日交易平均值相对较低，电子交易可能是EEX在期货交易中的最佳选择。在更传统的市场中，引入与做市商的电子交易已被认为可以极大地提高流动性。

交易所国家登记处（德国排放交易管理局，German Emissions Trading Authority）范围内的所有交易结算和配额登记均由一家清算所担保，即欧洲商品清算公司（the European Commodity Clearing AG，ECC）。EEX提供EUAs现货（目前为2013—2020年）、EUAs期货、EUAs期权和EUAs价差交易。它还提供欧盟航空津贴（EU Aviation Allowances，EUAA）期货、EUAA价差、CER现货、CER期货和CER价差交易。在OTC交易后，可在平台上提交EUAs、EUAAs和CERs进行登记。该平台还在其一级市场提供EUAs和EUAAs的每日拍卖，同时在二级市场持续交易。这些拍卖的中间价格作为EEX碳指数（Carbix®）每日公布。拍卖主要是应德国联邦环境部和其他24个欧盟国家的要求进行的，它们代表在这25个国家的欧盟设施的强制性可拍卖NAP分配。

自2010年以来，EEX的交易量增长相当迅速。这首先是由于欧洲最大的CO_2排放者RWE AG决定将其部分碳交易从ECX转移到EEX，然后是其他竞争性平台的退出，如法国的BlueNext。

5.3 数据

5.3.1 样本选择

首先，将日历时间转换为事件时间。2008年1月2日是第二阶段正式交易的第一天，被定义为事件日0，用于考察第二阶段交易开始后的流动性效应。2008年12月的EUAs期货合约从第一阶段开始就一直在EEX上交易，因为其满足以下条件，并且占该期间交易量的85%以上，因此被选为本分析的对象：

（1）该合约具有事件前后各90个交易日的历史数据。

（2）该合约是事件前后各90个交易日中在交易所交易最活跃的合约。我们观察到，EEX交易量很少，在任何一个时期，只有一两份合约的交易能够满足进行严格的统计分析。因此，我们选择事件发生期间交易最活跃的合约来研究事件。

该研究还包括其他3个政策性事件（表5.1）。[1]上述条件（1）和条件（2）适用选择EUAs期货合约，以考察其他被研究的事件的流动性效应。而选择政策性事件必须满足以下唯一条件：在所选事件前后 90 d 内未发生与市场相关的其他事件 / 公告，以避免混淆冲击问题。

2005 年 10 月 4 日至 2010 年 12 月 30 日在 EEX 交易的所有期货合约的每日交易量数据通过人工从 EEX 网站上获得。数据周期超出了本章的即时查询（immediate enquiry）范围，目的是提供一个较长时期内市场变量的描述性视图（表 5.2）。我们获得了每日最佳买入价和卖出价、每日交易变量（包括成交量和未平仓量），以及每天的最后交易价格和时间。唯一的日内变量是每天的最后交易价格；这是估算收盘时有效买卖价差所必需的。

5.3.2 样本描述

在表 5.2 的面板 A 和面板 B 中列出了市场流动性代理指标和日交易量的交易活动衡量指标的汇总统计数据。面板 A 是第一阶段的情况，面板 B 是第二阶段的情况。有证据表明，日交易量的跨期波动比流动性代理指标的跨期波动要大，这一点可以从交易量变量的较高变异系数中看出。这可能是由于买价和卖价本质上是离散变量；这一特性有助于通过价格集聚来降低波动的可能性。此外，在面板 A 中，相对买卖价差和有效买卖价差之间存在相当大的差异。这意味着很大一部分碳交易发生在做市商提供的卖价和买价报价中。

表 5.1　事件和相应日期

日期	事件标签	事件描述	测试事件影响所用的合约
2008 年 1 月 2 日	事件 1	第二阶段 EUAs 期货合约交易的第一天	2008 年 12 月 EEX EUA 期货
2008 年 5 月 8 日	事件 2	发布 2007 履约年度经核实的排放清除数据	2008 年 12 月 EEX EUA 期货
2008 年 10 月 8 日	事件 3	欧盟委员会（EC）2008 年 10 月 8 日第 994/2008 号法规（欧盟委员会（EC）2004 年 12 月 21 日第 2216/2004 号法规修正案），目的是根据欧洲议会和理事会第 2003/87/EC 号订单以及欧洲议会和理事会第 280/2004/EC 号的决定建立标准化和安全的登记系统	2009 年 12 月 EEX EUA 期货
2009 年 5 月 11 日	事件 4	发布 2008 履约年度经核实的排放清除数据	2009 年 12 月 EEX EUA 期货

表 5.1 列出了我们所考察的对 EEX EUA 期货合约具有流动性效应的事件。表中第四栏列出了每项时间所使用的合约。

表 5.2　描述性统计

面板 A：第一阶段				
变量	报价价差	相对价差	有效价差	日交易量（合约）
平均值	46.31%	3.62%	32.87%	46.26
标准差	0.222	0.031	0.285	81.803
变异系数	0.518	1.171	1.139	8.180
中位数	43.00%	2.62%	25.00%	10.00
面板 B：第二阶段				
变量	报价价差	相对价差	有效价差	日交易量（合约）
平均值	13.48%	0.77%	19.74%	269.560
标准差	0.075	0.003	0.195	359.773
变异系数	0.627	0.448	1.496	2.636
中位数	12.00%	0.74%	13.00%	136.50

面板 C：流动性代理指标						
季度	报价价差（%）[平均值（中位数）]	相对价差（%）[平均值（中位数）]	有效价差（%）[平均值（中位数）]	深度	欧元深度	综合流动性 / %
2005 年第四季度	64.00（60.00）	2.92（2.63）	42.60（40.00）	6.45	142.94	2.04
2006 年第一季度	59.00（60.00）	2.20（2.11）	29.83（25.00）	14.08	369.29	0.60
2006 年第二季度	68.00（62.00）	3.45（3.37）	62.19（45.00）	9.92	205.71	1.68
2006 年第三季度	44.00（45.00）	2.55（2.59）	22.37（15.00）	7.18	125.03	2.04
2006 年第四季度	51.00（43.00）	3.58（3.04）	27.10（10.00）	12.52	179.36	1.99
2007 年第一季度	36.00（37.00）	2.14（2.62）	20.83（15.00）	10.03	113.90	1.88
2007 年第二季度	35.50（33.00）	2.75（1.95）	28.15（15.00）	47.83	997.13	0.28
2007 年第三季度	36.00（36.70）	8.10（7.70）	34.35（30.00）	81.91	1 671.68	0.48
2007 年第四季度	23.00（21.00）	3.30（1.30）	27.66（30.00）	49.77	1 117.78	0.30
2008 年第一季度	17.00（12.70）	0.76（0.57）	15.77（12.00）	111.76	2 423.24	0.03
2008 年第二季度	17.00（16.80）	0.62（0.63）	16.50（11.00）	86.55	2 260.25	0.03
2008 年第三季度	21.00（21.30）	0.81（0.84）	23.00（17.50）	179.03	4 397.99	0.02
2008 年第四季度	23.00（22.00）	0.99（1.02）	24.12（19.00）	404.80	7 795.26	0.01
2009 年第一季度	14.00（11.50）	1.10（0.99）	23.42（15.00）	72.33	837.59	0.13
2009 年第二季度	14.60（14.30）	0.98（0.94）	28.67（16.00）	67.15	939.52	0.10
2009 年第三季度	13.00（14.00）	0.88（0.88）	16.38（8.50）	43.20	622.33	0.14
2009 年第四季度	12.80（12.30）	0.88（0.86）	20.64（13.00）	57.30	797.81	0.11
2010 年第一季度	10.50（10.30）	0.77（0.76）	21.57（15.00）	133.83	1 761.77	0.04
2010 年第二季度	10.20（10.50）	0.65（0.66）	24.35（17.70）	194.13	2 971.22	0.02
2010 年第三季度	7.10（6.30）	0.47（0.41）	14.58（10.50）	407.62	6 082.40	0.01
2010 年第四季度	6.50（5.30）	0.43（0.35）	11.03（8.00）	295.21	4 466.57	0.01

面板 A 和面板 B 显示了 2005 年 10 月 4 日至 2010 年 12 月 30 日在 EEX 平台上交易的 EEX EUA 期货合约的每日买卖价差的描述性统计数据。面板 A 和面板 B 分别是第一阶段和第二阶段的情况。面板 C 使用同一时期的数据显示了每季度的每日流动性衡量指标。买卖报价价差是每日最佳卖价和买价之间的差额，相对买卖价差是每日卖价减去最佳买价除以每日最佳中间报价，有效买卖价差是现行交易价格减去每日最佳中间报价的绝对值的两倍。变异系数是标准偏差与相应中值的比值。深度（欧元深度）计算为 t 时未平仓合约（未平仓合约的欧元价值以 1 000 为单位）减去 t-1 时的未平仓合约之间的差额。综合流动性是相对价差百分比除以欧元的值。所有的数值都是通过获得该期间内每个单独合约交易的平均值，然后在所有合约范围内进行横截面加总（cross sectionally aggregating）来计算的。每份 EUAs 期货合约的标的为 1 000 t CO_2。剔除非交易日，面板包含 1 280 个交易日的数据

此外值得注意的是，面板 A 中高买卖差价和低平均交易量表明，与第二阶段相比，EU-ETS 第一阶段的排放许可证流动性较低。考虑到碳排放许可的过度分配导致交易量不足，这并不令人惊讶。为了更全面地了解 EU-ETS 流动性变化，作为描述性分析的一部分，表 5.2 的面板 C 中提供了 6 个流动性代理指标的季度衡量数值。该面板表明，流动性在第二阶段有了相当大的改善。

5.4 结果和讨论

5.4.1 事件的异常回报：2008 年 12 月和 2009 年 12 月合约

一些学者概述了事件研究方法和市场模型，我们采用这种方法估算 2008 年 12 月和 2009 年 12 月到期的 EEX EUA 期货合约的异常回报，即在 EEX 交易的 2008 年 12 月和 2009 年 12 月期货。已有一些研究采用事件研究方法的市场模型。

市场模型假设给定证券的回报与价值加权指数之间存在线性相关性。对于任何资产 i，给出的模型为

$$R_{it}=\alpha_i+\beta_i R_{mt}+\varepsilon_{it} \quad (5.1)$$

$$E[\varepsilon_{it}]=0 \quad \mathrm{Var}[\varepsilon_{it}]=\sigma_{\varepsilon i}^2$$

其中，R_{it} 和 R_{mt} 分别是在 t 时刻资产 i 的收益和市场投资组合。ε_{it} 为零均值扰动项，α_i、β_i 和 σ^2 为模型参数。从市场模型中可以得到如下的异常回报：

$$\varepsilon_{it}^{*} = R_{it} - E[R_{it} \mid X_t] \qquad (5.2)$$

R_{it}、$E[R_{it}]$ 和 ε_{it}^{*} 分别代表实际回报、正常回报和异常回报。X_t 对应市场回报的条件信息。LEBA 碳指数用于估计事件发生前 90 天的模型参数，该指数通过对 LEBA 公司执行的所有碳交易采用市值加权平均法计算，并针对样本中的每个交易日进行计算。事件窗口内每个交易日的异常回报通过使用 Newey 和 West 的 HAC 进行 OLS 估计后获得。然后，这些异常收益通过时间累积，得到每个窗口的累积异常回报（CAR）。

表 5.3 中展示了每个事件窗口的平均异常收益（average abnormal returns，AAR）。表中第二列的结果表明，2008 年 12 月的期货合约尽管在短期内异常回报为正，但在第二阶段交易开始时并未与显著的异常回报相关。从长期来看，异常回报为负值且不显著。表 5.3 还展示了事件 2、事件 3 和事件 4 的对应测算结果。结果表明，表明这些事件与所测试的 12 月到期合约的显著异常回报无关；然而，部分异常收益估计值仍然为正。这些正值虽然不显著，但可以解释为由于事件（特别是事件 1）而导致的价格升值。但是，长期的负 ARR 值表明，即使价格上涨是可信的，这种价格改善也不会是永久的。根据 Campbell 等的研究，在市场模型估计中得到的大 R^2 值表明相应的方差减少，从而导致指定模型中的收益增加。事件 1、2、3 和 4 的 R^2 分别为 0.81、0.58、0.62 和 0.72。

表 5.3　平均异常收益率

事件窗口	事件 1	事件 2	事件 3	事件 4
	AAR/%	AAR/%	AAR/%	AAR/%
[−1，+1]	0.48	−0.20	−0.23	−0.21
	1.02	−0.40	−0.29	−0.12
[−2，+2]	0.36	−0.16	0.49	0.40
	1.23	−0.44	0.78	0.36
[−3，+3]	0.29	−0.25	0.17	0.40
	1.27	−0.89	0.36	0.51
[−4，+4]	0.08	−0.08	0.02	−0.09
	0.36	−0.28	0.06	−0.12
[−5，+5]	0.00	0.10	0.06	−0.03
	0.001	0.39	0.18	−0.04
[0，+10]	−0.25	0.10	0.02	0.36
	−0.98	0.43	0.03	0.45

续表

事件窗口	事件 1	事件 2	事件 3	事件 4
	AAR/%	AAR/%	AAR/%	AAR/%
[0，+20]	−0.31	0.14	−0.12	0.03
	−0.71	0.78	−0.28	0.06
[0，+30]	−0.10	0.06	−0.21	0.05
	−0.3	0.43	−0.66	0.15
[0，+60]	−0.04	−0.07	−0.06	0.03
	−0.19	−0.40	−0.26	0.13
[0，+90]	−0.02	−0.03	−0.07	0.03
	−0.12	−0.21	−0.34	0.22
调整后的 R^2	0.81	0.58	0.62	0.72
BG-LM	0.00	0.08	0.06	0.11
BPG	0.19	0.12	0.17	0.54

在事件研究中，使用市场模型［使用 Newey 和 West（1987）HAC 的 OLS 估计］计算平均异常收益率（AAR），确定事件日前后的异常回报。估计模型参数的估计窗口是事件前后的各 90 d（−90，+90）。然后用常规 t- 统计量来检验 AAR 是否与 0 显著不同。t- 统计量被记录在每个对应的事件窗口和事件框中的 AAR 值下方。事件 1 是交易从第一阶段过渡到第二阶段。事件 2 和事件 4 分别是 2007 年和 2008 年排放核查结果的发布日期。事件 3 是 2008 年 10 月 8 日通过欧盟委员会（EC）第 994/2008 号法规的日期。事件 1 和事件 2 使用的是 2008 年 12 月合约，而事件 3 和事件 4 使用的是 2009 年 12 月合约。BG-LM 和 BPG 分别是 Breusch–Godfrey 序列相关性和 Breusch–Pagan–Godfrey（异方差）LM 检验统计量的 p 值。一份 EUAs 期货合约的标的为 1 000 份 EUAs。

5.4.2 事件对交易量的影响：2008 年 12 月和 2009 年 12 月合约

5.4.2.1 事件的短期影响

通过使用以下虚拟时间序列回归模型来求解事件周期内的异常交易量：

$$\text{Volume}_t = \alpha + \sum_{-5}^{+5} D_i \beta_i + \varepsilon_i, t = -90, +5 \qquad (5.3)$$

其中，Volume_t 是期货合约在 t 日交易量的对数变换。α 是常数，D_i 是每个交易日窗口期 [−5，+5] 中的虚拟变量。11 个虚拟变量的系数 β_i 捕捉事件窗口 [−5，+5] 内的异常交易量，ε_i 是均值为 0、方差为 σ^2 的随机扰动项。α 和 β_i 是需要估计的参数。等式（5.3）是利用最小二乘法和 White 提出的异方差一致协方差矩阵进行参数估计的，同时，为了增强公式的鲁棒性，还通过 Newey 和 West 的 HAC 方法对其进行验证，两种方法所获得的结果具有相同的统计学显著性水平。

时间序列回归的结果见表 5.4。11 个虚拟变量均为正数，其显著性水平表明碳排放许可交易量的提升与第二阶段交易启动有关。随着第二阶段的开始，交易量持续大幅增加。2008 年 1 月 2 日和 3 日（第二阶段交易第一个和第二个交易日）的最大系数估计值是 11 d 内 3 个最大系数估计值（t- 统计量）中的两个，分别为 2.27（10.82）和 2.28（10.87），这进一步说明了交易量提升与第二阶段开始的关联性。2008 年 1 月 3 日之后，异常交易量从峰值下降，但仍然是正值，并且具有 5% 的显著性水平。

表 5.4　事件前后的短期交易量变化

参数	事件 1 估计值	事件 2 估计值	事件 3 估计值	事件 4 估计值
A	3.00 14.33***	4.90 51.64***	2.71 11.88**	3.99 23.57***
β_{-5}	1.55 7.39***	0.28 2.96***	-2.71 -11.88**	-1.59 -9.39***
β_{-4}	1.70 8.09***	-0.36 -3.77***	1.20 5.27**	-3.99 -23.57***
β_{-3}	1.09 5.20**	0.52 5.42***	1.30 5.69**	0.57 3.35**
β_{-2}	3.00 14.33**	0.04 0.43	2.64 11.57**	0.19 1.11
β_{-1}	0.91 4.33***	-0.74 -7.82***	4.31 18.91**	0.83 4.93***
β_{0}	2.27 10.82***	0.18 1.93*	3.76 16.49**	0.52 3.10***
β_{+1}	2.28 10.87***	0.46 4.85***	-2.71 -11.87**	1.68 9.96***
β_{+2}	1.90 9.06***	0.46 4.85***	-2.71 -11.88**	0.51 3.03***
β_{+3}	1.42 6.75***	0.71 7.50***	-0.41 -1.78*	0.19 1.11
β_{+4}	1.38 6.57***	0.19 2.02**	1.51 6.62**	0.99 5.86***

续表

参数	事件 1 估计值	事件 2 估计值	事件 3 估计值	事件 4 估计值
β_{+5}	1.94 9.24***	0.56 5.87***	2.98 13.06**	1.08 6.36***
R^2	0.12	0.04	0.18	0.12
NORM（1）	0.17	0.10	0.17	0.11
ADF	0.00	0.00	0.00	0.00

注：*、** 和 *** 分别对应 10%、5% 和 1% 统计水平上显著。

通过估计以下时间序列回归模型（使用 White 的异方差一致协方差矩阵和 Newey 和 West 的 HAC），以检查特定 EEX EUA 期货合约在事件发生日的交易量变化：

$$\text{Volume}_t = \alpha + \sum_{-5}^{+5} D_i \beta_i + \varepsilon_i, t = -90, +5$$

其中，Volumet_t 是 t 日的交易量的对数转换。α 表征 96 d 估计期间的交易量变化，D_i 是代表调查事件窗口（-5，+5）中每一天的虚拟变量。所有 11 个虚拟变量的系数代表了事件窗口上交易量的变化，一个代表事件窗口中一天（-5，+5）。ε_i 是一个残差项，$E[\varepsilon_i]=0$，$\text{Var}[\varepsilon_i]=\sigma^2$。$\alpha$ 和 β_i 是用于估计的参数。对应的估计值展示在每个单元格的上面，单元格的下面是对应的 t- 统计量。事件 1 是交易从第一阶段到第二阶段。事件 2 和事件 4 分别是 2007 年和 2008 年排放核查结果的发布日期。事件 3 是 2008 年 10 月 8 日通过欧盟委员会（EC）第 994/2008 号法规的日期。事件 1 和事件 2 使用了 2008 年 12 月合约，而事件 3 和事件 4 则使用了 2009 年 12 月合约。NORM（1）和 ADF 分别是 Jarque–Bera 正态性检验和增广 Dickey–Fuller 检验统计的 p- 值。ADF 的滞后长度根据 Schwarz 信息准则选择。

表 5.4 的最后 3 列是事件 2、事件 3 和事件 4 的结果。从事件 2 和事件 4 中可以看出，排放核查结果一旦发布，就会有显著的正估计值。这表明交易量相对激增。对于事件 3，事后估计中 3 个为负值，两个为正值。所有估计值均具有统计学意义。因此，难以就事件与交易量的关联而下一个定论。因此，第 5.4.2.2 节考察了流动性的影响。等式（5.3）也通过了所有 4 个事件的正态检验，这意味着异常交易量的实证估计不是由于数据中存在异常值。此外，增广 Dickey–Fuller 检验表明，每一个事件中对数（交易量）变量的单位根都不存在空值，因此，测算结果是可靠的。需要注意的是，表格中的 p- 值为单侧 p- 值。。

5.4.2.2 事件的长期影响

为了分析第二阶段 EU–ETS 交易和其他事件之前的碳排放许可证长期交易量的变化，本节设计了事件后 [0，+90] 的长期交易量与事件前 [0，-90] 的长期交易量这两者的长期交易量后 / 前比率。如果 2008 年 12 月合约的交易量（超过 90 个交易日）在第二阶段交易时比第一阶段交易持续增加，做市商的规模经济可能会增加，从而降低买卖价差，提高市场流动性。

表 5.5　事件前后的长期交易量

标量	长期交易量			
	事件 1	事件 2	事件 3	事件 4
平均值（后 / 前）	5.28	1.50	4.72	2.66
中间值（后 / 前）	5.21	1.34	4.62	2.59
t- 统计量	13.05***	2.20**	3.76***	2.62**

注：** 和 *** 分别对应 5% 和 1% 水平的统计显著性。

所考虑的样本包括 EU-ETS 第二阶段启动之前和之后交易的 EEX EUA 期货合约。长期交易量的变化定义为事件后 [0，+90] 的期货合约交易量除以事件前 [0，-90] 的期货合约交易量。用 t- 统计量来检验空值假设，即交易量在事件发生前与事件发生后没有变化。

表 5.5 展示了交易量长期变化的分析结果。事件 1 交易量的“事后 / 事前”比率的均值（中位数）为 5.28（5.21），相应的 t- 统计量为 13.05。这是第二阶段交易启动与交易量的增加相关联的另一个证据。对于事件 2 和事件 4（即经核实的排放结果的公布日期），表 5.5 展示了显著的“事后 / 事前”比率，这进一步表明了事件的发布与交易量改善的正向关联。事件 2 和事件 4 的“事后 / 事前”比率的均值（中位数）分别为 1.50（1.34）和 2.66（2.59）。

另一个有趣的结果是事件 3 具有显著的“事后 / 事前”比率。在本章中，我们将在后续小节中对此进行检验，以研究测算数据所表征出长期改善是否伴随着流动性的长期改善。表 5.4 和表 5.5 中的估计值没有提供任何可能的预期，因为流动性和交易量之间的相关性很弱，事实上，相关研究表明，这两个变量的影响在一定程度上是不相关的。。在第 5.4.5 节中，我们将考察流动性影响；但在第 5.4.3 和 5.4.4 节中先讨论衡量金融市场流动性的问题。

5.4.3　金融市场流动性

在本书的导言中，我们明确了一个研究基础，就是市场流动性具有价格发现功能。在接下来的章节中，我们将重点讨论如何在 EEX 平台等市场中测算或量化流动性。根据 Sarr 和 Lybek 的研究，流动性证券 / 市场通常表现出以下 5 个特征：紧密性、即时性、深度、广度和弹性。紧密性是指一种产品的买方和卖方认为其交易价值大小之间的差异。因此，在报价驱动的市场中，卖价和买价之间的价差越小，交易成本就越低，因此此类产品在市场中的流动性也就越好。即时性是指执行订单的速度和价格没有关系或者关系很小。深度（不同买入价和卖出价的订单）和广度（交易对手方的范围和规模）都是通过可用的订单量或交易量来反映。在生成买入和卖出订单方面，总会有一定程度的不成比例的交易，特别是在短期基础上。弹性是指市场生成新订单以纠正这种短期不一致的能力。这 5 个特征与 Kyle 提出的流动性的 3 个特征相对应，即紧密度、深度和弹性。

上述定义很好地概括了流动性的基本概念，但学术文献中仍未解决定量评估问题。在实证金融学中，流动性的作用已经相当成熟，可以对资产定价、一般市场效率和公司财务的决策产生重大影响。衡量金融市场的流动性取决于该市场上交易的资产类别的可替代性和资产的流动性程度。多种发行人可用于单个资产的机制可能导致市场碎片化，从而造成流动性损失。这并不是基于成分资产流动性指标衡量市场流动性的唯一障碍；具有相同的发行人的类似资产类别在不同的条件下，也可能具有可观察到的特殊性。这些潜在差异的典型例子包括期货和期权的不同到期日。上述问题涉及一个基本问题，即将不同资产的流动性指标混合在一起，以得出一个可接受的、无偏差的市场流动性指标。这使得多年来对整个市场流动性的研究相对有限。但是，有些问题是可以解决的；例如，如果将市场流动性视为一个动态因素，则可以同时控制时间依赖性和共性。

5.4.4 流动性指标

本节讨论金融文献中流动性指标的 3 个主要分类。

5.4.4.1 基于交易量的流动性指标

尽管交易量的增加并不一定与市场流动性的改善相关，但基于交易量的流动性指标通常被用作市场流动性的代理指标。例如，在表 5.1 中，使用两个深度衡量指标作为流动性关键指向性指标。此外，在第 4 章的回归分析中，用换手率作为流动性的关键指标。这是成立的，因为大量的市场交易为市场参与者提供了重要的订单流信息。对于报价驱动的市场主体，这可以评估其报价的正确程度。通过观察订单流而调整报价，最终实现对订单流的重新调整，反映有效的价格信号。这意味着市场是有弹性的。上述过程是连续的，能够不断地向市场参与者提供信息，以实现有效的价格发现。

缺乏深度和广度的市场不能有效地向市场参与者提供上述关键信息流，这对市场效率有巨大的影响。在 EU-ETS 第一阶段的大多数排放交易平台上，以及在第二阶段的大多数排放交易平台上，频繁的交易中断和普遍缺乏价格连续性就是由于缺乏市场深度和广度。诸如此类的问题造成了市场的不可预测性，尤其是在价格信号方面。

但是，价格信号的不确定性可以通过寻找更有深度和广度的类似市场/平台来克服，EU-ETS 就是如此，而这正是资产的可替代性发挥关键作用的地方。在 EU-ETS 第二阶段的大部分时间里，ICE ECX 平台负责 EU-ETS 中约 90% 的基于交易所的交易，因此主导了价格发现过程，并继续主导 EU-ETS 第三阶段的价格发现过程。因此，流动性较低的 EU-ETS 平台上的交易量稀少，不会必然抑制价格效率，因为 ECX 的价格信号可以在其他交易平台上体现出来。

此外，有效的价格发现过程可能不仅仅依赖于流动性。在很容易辨别出买方、卖方以及他们的流动性要求的情况下，即使没有订单流的内生拉动，市场也可以进行充分的交易；EU-ETS 似乎就是如此。该市场对于大约 12 000 名参与者来说是强制性的，但还有一些人出于其他目的进行交易，如风险对冲和保持流动性。这些出于合规目的而必须在市场上交易的参与者是易于识别的，因此，在 EU-ETS 第一阶段启动时，即使当时基于交易所的交易极少，但场外交易市场很繁荣。

5.4.4.2 价格变动和市场弹性指标

市场的流动性波动可能导致市场的价格变动，这种波动也可能是由外在因素引发的。该类别的指标旨在区分受流动性影响的价格变动和因其他未能确定的因素而发生的价格变动。这些指标关系到价格发现（效率）和弹性。大多数基于价格指标的流动性模型具有一个相同的基础性观点，就是关注流动性或者非流动性市场中的价格变化。在流动性强的市场中，价格变化一定受某个一直存在的因素影响，而在流动性差的市场中一般没有这个因素。但是，即使在流动性强的市场中，由于外生冲击，价格也会发生某种形式的短暂变化。冲击引起的价格跳跃会影响价格发现，尽管如此，价格的连续性仍会保持。因此，当持久的价格变动发生时，其影响应是：暂时性价格变化的成分与流动性市场相比非常微小。Hasbrouck 和 Schwartz 的市场效率系数（market-efficiency coefficient，MEC）研究了这一价格变化因素；它描述了一个区分暂时和永久价格变动的系数，具体表示为

$$\text{MEC}=\text{Var}(R_t)/[T\times Var(r_t)] \tag{5.4}$$

其中，$\text{Var}(R_t)$ 是长周期回报的对数的方差，$\text{Var}(r_t)$ 是短周期回报的方差，T 对应于每个较长周期中短周期的数量。表现出较高弹性水平（流动性）的市场的 MEC 比率应略低于 1。在那些弹性水平低的市场中，这一比率应大大低于 1。MEC 比率的差异是由不同市场的短期价格波动的差异造成的。Bernstein 指出了影响不相称的短期价格波动的几个因素；其中包括做市商对价格形成过程的干预；价格发现中的错误也可

能与做市商的干预有关。错误的价格形成表现为对相关公告 / 事件的滞后价格反应，导致正相关的价格变化递增。这减少了与长期波动相对应的短期波动，最终导致 MEC 上升到 1 以上。

MEC 简单来说是随机游走的方差比检验，即长期回报的方差与短期回报的方差之比。对于一个与随机游走过程相协调的市场，只要短期回报的总和等于长期回报的总和，那么长期回报的方差等于短期回报方差的总和。因此，如果 η 是较长时期内包含的短时期的数量，则长期回报的方差是短期回报方差的 eta 倍。根据 Grossman 和 Miller 的研究，由于回报序列相关性，库存相关问题可能导致随机游走的偏离；然而，在一个效率较高的市场中，这种偏离所创造的套利机会将吸引参与者进行所需的交易量。因此，即使做市商不能消化订单，随机游走产生的偏离也将是非常短暂的。

在尝试使用价格指标作为流动性代理指标时，本书试图将价格连续性与市场弹性联系起来；但市场弹性和价格连续性并不能等价替代。市场参与者交易的目的或者是增加流动性，或者是利用私有信息。因此，他们所持有的头寸通过其交易动机反映在订单流中。正如 Grossman 和 Miller 所指出的，不管这些头寸如何，它们都会对市场基本面的变化做出反应，尽管市场确实会在没有基本面变化的情况下发生扭曲。如果市场与基本面脱节，价格就会发生变化。可以预计，一个有弹性的市场将迅速生成所需的订单（主要是套利市场订单），以纠正订单的不平衡和相应的价格变动。因此，旨在利用套利机会的新订单的涌入阻止价格在其当前过程中的进一步发展，最终纠正了订单不平衡。这一过程强调了市场弹性和价格连续性之间的联系。

5.4.4.3 交易成本指标

对交易价格的分析提供了一种区分若干成本因素的手段，如与订单处理、信息不对称和库存相关的成本。在报价驱动市场中，做市商（证券交易中指定的中间商）报价为衡量交易（买卖）价差提供了基础。价差中包含某些成本变量，这些成本成分反映了交易过程的质量。这些成本构成包括不对称信息 / 逆向选择成本、库存成本和订单处理成本。Campbell 等将订单处理、库存和逆向选择成本确定为市场微观结构模型中的 3 个基本经济信息源。

订单处理成本与在特定市场中执行交易的直接价格相关联。库存成本是那些持有金融证券必需的成本，对于大多数金融证券而言，通常是与记录保存相关的成本。在 EU-ETS 和类似计划中，产生的基本库存成本是操作和设置记录设备以跟踪交易的成本。逆向选择成本是指与更知情的交易对手进行交易所产生的成本。从做市商的角度来看，一些投资者 / 交易员可能更为成熟老练，可以有私有信息，然后利用这些信息在市场中下订单。与这样的交易对手交易意味着收入损失，这种损失是由于向交易对手提供信息而导致的市场信息不对称。这种收入损失是知情交易者逆向选择的成本。做市商必须在报价驱动的市场中提供流动性，因此必须在需要时与所有参与者进行交易。在没有能力辨别其他参与者是否比他们更知情或更不知情的情况下，做市商提供被逆向选择的风险的价差，这也是可以理解的，因此逆向选择成本被纳入交易成本。

这些成本都具有不同特性，因此它们的统计特征也各不相同。在 20 世纪七八十年代，它们的这些独特特性刺激产生了大量有关不对称信息和库存成本市场微观结构的研究文献。这些研究成果为计算买卖价差提供了明确的预测。在根据现有理论推导出适当的价差构成估算值方面也取得了进展。

交易需求通常受到大额交易成本的逆向影响；事实上，大多数流动性市场的一个特点是低交易成本。合理的低交易成本可以产生多样化，这是在 EU-ETS 这样的体系中维持市场流动性的重要条件。市场交易的高成本可能导致市场分裂，因为大量交易将在价差内执行，而不是在均衡价格附近执行。这可能导致市场缺乏深度，此时市场的流动性是较差的。此外，较大的价差意味着较高的交易成本或内部交易的存在，这可能迫使参与者在同类其他平台上寻找交易机会，从而导致交易减少。市场参与度低意味着市场交易少，因此缺乏广度。市场的弹性也可能受到威胁，因为订单流将减少，从而降低市场调整订单流中市场失衡的能力。

在实证金融学中，买卖价差是实证金融中流动性的成本衡量指标。在市场微观结构文献中，买卖价差有几种变体，但最常见的可能是报价买卖价差，这是衡量对证券 i 在特定时期 t 内的最低卖价和最高买价之间的差额。这一指标反映了交易对做市商的经济意义。有时，有效的做市商类型的报价可能会以普通交易者发出限价单的形式出现。报价价差的其他变体包括加权交易价格。在一个市场中，如果有不止一个做市商没有被强制要求发布相同的报价，甚至不按这些报价进行交易，那么就应该区分做市商价差和市场价差，在计算市场的单一价差时，也应忽略异常值。

毫无疑问，任何单一指标都无法涵盖流动性的所有相关定性维度，即广度、弹性、深度、即时性和紧密度。事实上，Hallin 等认为实现流动性衡量指标一致性的任务是："双重困难的，极大地挑战了任何最终评估的客观性。"在第 5.4.5 节中，我们将计算基于买卖价差的流动性指标，以考察本章中所研究的事件对 2008 年 12 月和 2009 年 12 月合约的流动性效应。

5.4.5 流动性改善：EEX EUA 2008 年 12 月到期合约和 2009 年 12 月到期合约

如表 5.4 和表 5.5 所示，由于 EU-ETS 第二阶段启动，EEX EEA 期货的交易量发生了短期和长期变化，本节考察这些事件对市场流动性的影响。为了分析 EU-ETS 第二阶段交易启动和其他事件对 EEX EUA 期货短期流动性的影响，我们采用第二阶段交易前后不同事件窗口的日平均报价、相对和有效买卖价差的比率。相对买卖价差的计算方法为卖出价减去买入价再除以中间价。然而，Lee 和 Ready 指出相对买卖价差有两个潜在的缺点，一是夸大了证券的交易成本，没有考虑价格在购买后上涨和在出售后下跌的趋势，二是相对买卖价差不是一种合适的工具流动性衡量指标，因为交易经常发生在卖价和买价之间。因此，我们还计算了 Hedge 和 McDermott 提出的有效买卖价差其定义为一段时期内的最终交易价格与该交易对应的现行中间价之差的绝对值的两倍。使用相对买卖价差或有效买卖价差也存在一个潜在问题，任何改变中间价的事件，都会自动影响相对和有效买卖价差。因此，为了完整起见，我们还计算了定义为卖价减去买价的报价价差。其不受这一问题影响，也是因为一种衡量交易对做市商的经济意义的指标。

从表 5.6 中可以看出，在 EU-ETS 第二阶段交易启动后，买卖价差显著降低。例如，在 [-5，+5] 事件窗口中，平均报价买卖价差比率和中间值报价买卖价差比率分别为 0.59 和 0.55，并且在 1% 的水平上都具有高度统计显著性。这表明交易价差在 EU-ETS 第二阶段交易启动当天前后的 11 个交易日内大幅减少。在诸如 [0，+60] 和 [0，+90] 这样较长的事件窗口内，价差显著降低，这表明在第二阶段交易开始后的 90 个交易日内，交易成本的减少没有逆转，意味交易规则的变化和第二阶段排放总量管制的收紧都与流动性的改善有关。如表 5.6 所示，无论采用哪种流动性衡量指标，买卖价差的显著下降趋势都保持不变。

如表 5.6 所示，使用 2008 年 12 月和 2009 年 12 月到期的 EEX EUA 期货合约的报价、相对和有效买卖价差比率来评估 EU-ETS 流动性对事件的反应变化。我们采用这些比率是为了比较所选期货合约在事件前（-90）期间和事件发生日期前后的各种事件窗口期中的流动性。报价买卖价差是每日最佳卖出价和买入价之间的差额，相对买卖价差是每日卖出价减去最佳买入价除以每日最佳中间报价，有效买卖价差是现行成交价减去每日最佳中间报价的绝对值的 2 倍。价差比率的计算方式是所选合约在相关事件窗口期的平均价差与事件前（0，-90）期间的平均价差的比率。一起计算了平均比率与相应的中间值比率（括号中）。每个方框中的数值下面给有 t- 统计量。事件 1 是

表 5.6　EEX 短期和长期流动性变化

事件窗口	事件 1			事件 2			事件 3			事件 4		
	报价价差比率	相对价差比率	有效价差比率	报价价差比率	相对价差比率	有效价差比率	报价价差比率	相对价差比率	有效价差比率	报价价差比率	相对价差比率	有效价差比率
[-1, +1]	0.74（0.73）	0.70（0.67）	0.43（0.37）	0.66（0.66）	0.58（0.58）	0.40（0.34）	1.22（1.02）	1.39（1.14）	1.22（0.95）	0.74（0.67）	0.52（0.48）	0.29（0.38）
	-2.25^{**}	-2.82^{**}	-9.23^{***}	-200.0^{***}	-383.17^{***}	-10.52^{***}	0.58	0.89	0.43	-3.52^{**}	-9.13^{**}	-7.51^{**}
[-2, +2]	0.60（0.55）	0.57（0.53）	0.35（0.37）	0.66（0.66）	0.57（0.58）	0.48（0.51）	1.34（1.02）	1.54（1.14）	1.02（0.95）	0.56（0.67）	0.54（0.48）	0.35（0.38）
	-3.49^{**}	-3.99^{**}	-10.70^{***}	-201.1^{***}	-333.52^{***}	-8.12^{***}	1.21	1.63	0.07	-3.01^{**}	-7.70^{***}	-9.26^{***}
[-3,+3]	0.59（0.55）	0.56（0.53）	0.35（0.37）	0.58（0.66）	0.51（0.58）	0.48（0.51）	1.23（1.02）	1.40（1.14）	0.96（0.95）	0.78（0.78）	0.57（0.59）	0.41（0.38）
	-4.71^{***}	-5.23^{***}	-14.91^{***}	-8.14^{***}	-10.75^{***}	-9.98^{***}	1.07	1.58	−0.15	-3.76^{***}	-9.74^{***}	-6.01^{***}
[-4,+4]	0.59（0.55）	0.56（0.53）	0.32（0.30）	0.68（0.66）	0.61（0.58）	0.58（0.51）	1.23（1.02）	1.39（1.14）	0.87（0.60）	0.80（0.78）	0.59（0.59）	0.55（0.38）
	-5.07^{***}	-5.55^{***}	-15.92^{***}	-4.01^{***}	-5.42^{***}	-4.30^{***}	1.29	1.88^{*}	−0.62	-3.27^{**}	-8.58^{***}	-3.67^{***}
[-5,+5]	0.59（0.55）	0.56（0.53）	0.34（0.30）	0.70（0.66）	0.62（0.58）	0.65（0.60）	1.19（1.02）	1.34（1.14）	0.83（0.60）	0.90（0.89）	0.67（0.63）	0.56（0.38）
	-5.34^{***}	-5.82^{***}	-12.92^{***}	-3.84^{***}	-5.26^{***}	-3.48^{***}	1.25	1.95^{*}	−0.93	−1.10	-4.78^{***}	-3.48^{***}
[0,+10]	0.40（0.33）	0.37（0.30）	0.45（0.37）	0.78（0.66）	0.68（0.58）	0.51（0.51）	0.94（0.70）	1.09（0.78）	0.61（0.23）	0.83（0.78）	0.80（0.59）	0.80（0.43）
	-8.68^{***}	-9.62^{***}	-4.83^{***}	-2.20^{**}	-3.60^{**}	-4.03^{***}	−1.35	0.43	-2.08^{*}	-3.28^{***}	−1.30	−0.78

续表

事件窗口	事件 1			事件 2			事件 3			事件 4		
	报价价差比率	相对价差比率	有效价差比率	报价价差比率	相对价差比率	有效价差比率	报价价差比率	相对价差比率	有效价差比率	报价价差比率	相对价差比率	有效价差比率
[0,+30]	0.40 （0.29）	0.41 （0.30）	0.56 （0.41）	0.81 （0.77）	0.68 （0.64）	0.74 （0.60）	0.96 （0.97）	1.28 （1.23）	0.87 （0.88）	0.82 （0.78）	0.70 （0.65）	0.72 （0.38）
	−12.97***	−12.17***	−4.58***	−3.67**	−7.41***	−2.92***	−0.57	2.65**	−0.95	−5.99***	−5.06***	−1.98
[0,+60]	0.33 （0.25）	0.33 （0.26）	0.47 （0.37）	0.92 （0.88）	0.83 （0.77）	1.06 （0.69）	0.72 （0.64）	1.06 （0.99）	0.64 （0.30）	0.80 （0.78）	0.66 （0.64）	0.75 （0.38）
	−25.58***	−24.23***	−9.43***	−1.40	−2.56**	0.27	−4.84***	0.78	−4.23***	−5.56***	−8.46***	−2.44**
[0,+90]	0.30 （0.25）	0.30 （0.26）	0.43 （0.26）	0.97 （0.99）	0.89 （0.82）	0.97 （0.60）	0.66 （0.60）	1.07 （1.03）	0.57 （0.28）	0.75 （0.78）	0.60 （0.56）	0.66 （0.38）
	−36.96***	−35.23***	−13.25***	−0.62	−2.10**	−0.21	−6.34***	1.20	−6.71***	−9.44***	−13.84***	−4.39***

注：*、**和***分别对应 10%、5% 和 1% 水平的统计学显著性。

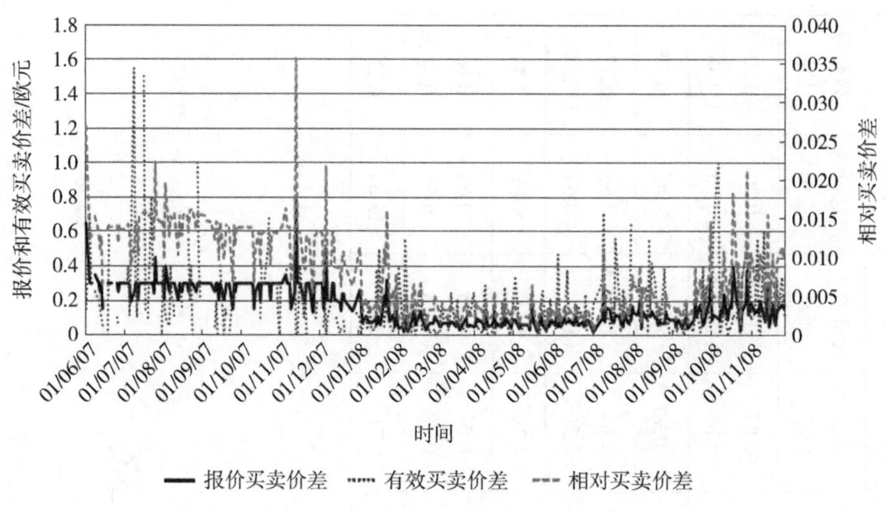

图 5.1　报价、相对和有效买卖价差估计的时间序列

交易从第一阶段过渡到第二阶段。事件 2 和事件 4 分别是 2007 年和 2008 年排放核查结果的发布日期。事件 3 是 2008 年 10 月 8 日通过欧盟委员会（EC）第 994/2008 号法规的日期。使用 2008 年 12 月的合同考察事件 1 和事件 2，使用 2009 年 12 月的合同考察事件 3 和事件 4。 使用常规 t- 统计量来检验零假设，即合约的比率的平均值等于 1。

图 5.1 展示了 2007 年 6 月 1 日至 2008 年 11 月 26 日的 2008 年 12 月 EEX EUA 期货合约的报价、相对和有效买卖价差指标的时间序列图，支持上述结论。该图证明，在 2008 年 1 月 2 日第二阶段交易启动时，价差估计值发生了结构性变化。该图再次证明价差程度在长期内缩小。对于接近到期的 EUAs 期货合约，在时间序列接近尾部时观察到的价差不规则性是正常的。

研究结果表明，在 EU-ETS 第二阶段交易启动后，2008 年 12 月合约的流动性有统计学意义上的显著增加。此外，在第二阶段交易后的 90 个交易日内，流动性保持增加的趋势。

表 5.6 给出了对其他 3 个事件进行同样分析的结果。对于事件 2 和事件 4，报价买卖差价比率的短期（显著）缩小表明，市场对 CITL 公布的 2007 年和 2008 年履约年度的排放核查结果反应积极。2007 年和 2008 年的排放量核查结果是净空头，而 2005 年和 2006 年的排放量核查结果是净多头。2005 年和 2006 年的核查结果显示市场净多头分别为 8.1 亿吨和 3.9 亿吨，实际净多头头寸还要高于 CITL 的这些数值，因为之前分配给这两年的 21.83 亿吨都保留了一部分用于拍卖和作为新进入者的储备。此

外，欧盟 2007 年和 2008 年的总排放量分别下降了 1.6% 和 3.06%。但是，长期价差逐渐扩大，表明一旦公告的影响开始消退，在公告日期前后出现的流动性改善就不会积极地长期持续下去，这种反应顺序在对事件影响的研究中并不罕见。

图 5.1 显示了 2008 年 12 月 EEX EUA 期货合约的每日报价、相对价差和买卖价差（以欧元计）估计值，数据时间跨度为 2007 年 6 月 1 日至 2008 年 11 月 26 日。

欧盟委员会新条例（事件 3）的短期价差比率表明，在《京都议定书》承诺阶段开始约 10 个月后，欧盟委员会承认需要加强保障登记册的安全，可能不利于增强市场信心。结果表明，该事件影响了短期市场流动性的损失。在一个新生市场、一个关键的时间节点上颁布这样的政策可能产生两种影响，一是该政策将提高平台安全性，可能会增强市场信心，二是该政策表明现有的登记管理系统并不安全，会影响整个欧盟气候变化政策。当时的市场似乎采纳的是后一种解读，至少在短期内是如此。短期价差估计表明，流动性损失与宣布新规定的时间相关。这一结果强调了对短期交易量变化的估计（表 5.4）。在表 5.4 中，负值且显著的估计表明交易活动的减少，相应地，短期流动性的减少出现在事件发生前后。长期报价价差和有效价差估计表明，从长期来看，市场流动性开始显著改善。之前的表 5.5 中的结果也进一步证明了这一点。“事后 / 事前”比率均值（中位数）为 4.72（4.62）（t- 统计量为 3.76），表明从长期来看，政策与市场质量改善呈正相关，意味着市场信心最终开始改善。

5.5 本章小结

自 2008 年以来，作为世界上最大的强制性碳排放交易计划，EU-ETS 已经从第一阶段发展到第二阶段，再到现在的第三阶段。通过实施新的法规和分配标准，增加市场流动性，进而帮助实现欧盟在《京都议定书》中承诺的温室气体减排目标，即比 1990 年水平降低 8%。本书分析了第二阶段关键事件和交易量的每日演变对 EUAs 期货合约的流动性效应。

尽管 EU-ETS 仍然是世界上最大的碳交易计划，但它绝不是一个已经完成的任务。它面临着类似传统金融市场的滥用威胁的困扰，以及供应过剩导致的价格持续下跌。欧盟委员会、欧盟理事会、欧洲议会正在不断起草新的政策，以应对平台上的各种活动产生的新问题。

本章的研究结果表明，当 EU-ETS 第二阶段开始交易时，EUAs 期货合约流动性显著增强。由于在第二阶段开始后，在 90 个交易日内流动性都在增加，这表明一旦碳排放许可在EU-ETS第二阶段进行交易，碳排放许可交易的流动性将得到长期改善。我们研究的合约，即2008年12月EEX EUA期货合约，在EU-ETS的第一阶段和第二阶段都进行了交易，这一事实强调了这一点。显著的流动性改善可能是由于第二阶段引入的监管变化和更严格的排放总量管制。第二阶段是欧盟在法律上有义务履行减排义务的京都承诺期，这也可能有助于市场质量的改善。因此，即使是在流动性相对较低的EU-ETS平台（如EEX）上，总量管制更为严格，导致许可证日益稀缺，可能与交易量的提高有关，即使是在流动性相对较低的EU-ETS平台（如EEX）上。

第二阶段交易量的上升并不一定意味着流动性的改善，相反，结构性变化，如允许许可证的银行业务有助于增强市场信心。参与者更愿意进行交易，因为他们知道可以在下一阶段（第三阶段）为履约目的上缴第二阶段的许可证，潜在地促进了直接交易成本和交易的不对称信息成本的降低。排放核查工作的正面消息也可能有助于增强市场对EU-ETS的信心，2008年和2009年排放核查影响分析结果表明了这一点。

本章还梳理了2008年10月8日欧盟委员会（EC）第994/2008号法规的出台与市场流动性大幅下降有关的证据。短期流动性的损失可能是由于担心国家登记处不安全而导致的市场信心丧失，因为该政策承认平台在安全性方面存在不足。这一政策事件说明，政策制定者有必要在引入新法规之前确保对市场参与者进行充分的宣传。从长期来看，市场流动性得到了恢复，表明参与者改变了他们对市场安全状况的信念。

本章证据表明，一旦设定了可靠的总量管制，消除了不确定性，确保了交易的连续性，像EU-ETS这样的强制性排放交易体系就有可能成功减少碳排放。

1. 最初，我们研究了在2007年8月至2010年12月的41个月期间的42个事件的流动性效应可能性。在这些事件中，有12个得到了充分的评估；但是，只有4个事件的交易量和流动性效应有足够的统计影响，因此被报告。其余的8个事件都显示出没有显著结果。

第6章

碳市场的流动性和市场效率[1]

Chapter 6

6.1 引言

市场价格发现过程能够在多大程度上反映市场中的所有可用信息，可视为衡量市场效率的一项关键指标。在传统的金融市场中，流动性对于促进价格发现和提高定价效率起着至关重要的作用。本章将首先探讨这一现象是否同样适用于 EU-ETS，并确定日内定价效率与日内流动性之间的密切联系。具体而言，我们确认了在流动性较高的交易日，从日内滞后订单流预测日内收益的可行性显著降低。Fama 关于市场效率的观点暗示了收益的不可预测性，而市场微观结构文献则强调了私有信息在价格中的反映程度可作为衡量市场质量的一个重要标准。Kyle 指出，即便是最高效的市场也会在不同程度上反映私有信息。自然而然，当市场因外生事件而获得更高的流动性时，它们可能更易于吸收这些私有信息，因为流动性的增加可能会由于交易成本的下降而鼓励更多的知情交易。在 EU-ETS 中，流动性和定价效率之间的联系更为重要，因为欧盟正在实施政策以增加碳配额的交易。这些政策可以被视为类似纽约证券交易所（NYSE）最小报价单位（tick size）变化政策之类的外生事件。在本章中，我们将履约年度的开始确定为与交易价差收紧相对应的外生事件（图 6.2），并探讨流动性与回报可预测性之间的联系，这种联系的确认意味着由欧盟政策引发的交易活动增加，可能有助于提升欧盟排放交易体系的定价效率。本研究是首次考察这种关系在环境市场（如 EU-ETS）中日内演变的实证研究。其次，我们使用履约年份作为与交易价差减少相对应的外生机制，检验在 EU-ETS 第二阶段的 40 个月中市场效率是否有所改善。因此，本研究成为迄今为止对 EU-ETS 日内定价动态进行日内分析的时间跨度最长研究。最后，我们在第二阶段测试从一个履约年度到下一个履约年度，日内价格是否更接近随机游走基准。偏离随机游走基准意味着交易过程中的噪声水平较高，反之亦然。以上三项问题对多个利益相关方具有重要意义。其一，对于意图提升交易活动和交易过程效率的政策制定者而言，可以通过厘清收益可预测性与流动性之间的联系而获益。其二，EU-ETS 平台上负责提供流动性的做市商、平台运营商和监管机构，可以更好地了解流动性变化如何影响价格发现过程。其三，碳金融工具的投资者也可能从本研究中受益，因为日内价格相较于最终价格对交易者的情绪影响更大；并且在市场开盘 / 收盘时段集中进行的交易（这一时段市场波动最剧烈）往往是衍生品合约结算的基础。。

由于市场参与者需要时间将新的信息纳入其交易策略，因此，一个在日内尺度上被认为是有效的市场，并不一定意味着该市场在每天的每个时刻都是有效的。Cushing

和 Madhavan 以及 Chordia 等人的研究证实了这一观点，这些研究表明可以从订单流中预测短期回报。然而，Chordia 等发现，这种可预测性会随着市场流动性的提高以及纽约证券交易所不同的最小报价单位制度而减弱。类似地，Chung 和 Hrazdil 在对纳斯达克股票的大样本分析中证实了可预测性递减的假设。因此，这些研究提供了证据，证明了流动性与市场效率之间存在密切联系，这种联系通过流动性对定价过程的影响得以增强。

另一类文献通过考察交易非流动性工具时对溢价的需求，研究了流动性和回报之间的联系。Pástor 和 Stambaugh 发现股票收益和流动性风险之间存在正向的横断面相关性。。这一结论得到了 Datar 等人及 Acharya 和 Pedersen 类似发现的支持。同样地，Amihud 也提供了证据支持这一假设，即预期市场流动性是时间序列中股票超额回报的一个指标。这意味着超额回报在某种程度上代表了非流动性溢价。Chang 等还报告了东证指数（TSE）的一致结论。

Chordia 等对定价效率和流动性的相关性进行了论证。假设在一个虚拟的市场中，做市商正在努力维持流动性供应。这可能是由于财务困难或过度暴露于无法维持的头寸所致。做市商可能对大额买单更为敏感，例如，买单和卖单之间的不平衡可能意味着交易是基于私有信息进行的。当这种情况存在时，由到达的订单流引起的定价压力可能会迫使价格短暂偏离其基本价值（因此无效率）。因此，订单流至少在短时间段内可以预示工具回报。经验丰富且警惕的市场参与者（可能在很大一部分时间里使用算法进行交易）很可能会注意到至少部分偏离随机游走基准的情况，从而成为知情者。因此，那些没有察觉到这些偏差的参与者在这些价格偏离的范围内可以被视为非知情者。知情交易者可能会提交市场订单，以期从套利机会中获利。这是一种知情交易活动。选择提交市场订单是为了在套利机会消失之前快速获利，而套利机会很可能转瞬即逝。假设套利者提交的订单数量充足且及时，那么这些订单将减轻做市商的库存压力。这就导致了资产价格的修正。根据 Chordia 等的研究，资产价格的修正降低了收益的可预测性。由于套利交易者（也称为知情交易者）更有可能在价差较窄时提交订单，因此可以预期，在市场比平时更具流动性时，收益的可预测性会降低。（可参考 Brennan 和 Subrahmanyam 关于流动性对交易策略的影响；Peterson 和 Sirri）。我们在一个独特的市场 EU-ETS 中研究这一假设，该市场是因应对气候变化政策而创建的。[2] 在 EU-ETS 这样的市场中，其建立是为了使排放受到欧盟法律限制的公司（合规交易者）能够交换排放许可证，因此需要研究套利者的活动。假设套利者进入市场是为了利用价格与基础价值之间的偏差。对于合规交易者而言，这种行为可能不会提高价值，因为它们可能会削弱市场信心，导致整个体系的失败。即使做市商可利用多个 EU-ETS 平台，也可能无法在整个交易日内持续提供足够的流动性。然而，如果如上述假设所提出的那样，套利者的活动提高了定价效率，那么最终合规交易者可能会因在一个拥有多样化交易者（包括不合规知情交易者）的市场中进行交易而受益。尽管如此，在 EU-ETS 中，知情交易者的活动似乎有限。Bredin 等的研究结果表明，流动性交易者在 ECX（EU-ETS 中交易量最大的交易场所）上占主导地位，超过了知情交易者。超过了知情交易者。因此，正如 Chordia 等所论证的，知情交易活动实际上可能受到相对多的限制，以防止损害市场完整性，但也足以提高短期定价效率。其他一些研究也考察了 EU-ETS 中的知情交易（本书第 3 章中的研究）。上述研究结果表明与成熟市场的情况一致，EU-ETS 中的知情交易活动与市场效率的提高有关。

本章研究主要采用了 Chordia 等的短期订单不平衡和收益可预测性回归方法，以检验流动性与市场效率之间的关系。我们的主要发现如下：

（1）当交易工具的流动性相对较高时，日内收益的可预测性显著降低，因此短期定价与流动性密切相关——日内流动性鲁棒性检验和因果关系分析也支持这一结论；

（2）随着市场在 40 个月内的发展 / 成熟，短期工具交易收益的可预测性降低——这表明定价效率在同一时期内逐步提高；

（3）在每个连续的履约期内，所检验的 ECX 工具在与随机游走基准的一致性方面有所改善，这意味着噪声交易逐渐减少。

总体来说，研究结果表明，ECX 已经实现了与历史悠久的传统金融市场相当的信息效率水平。本章与之前关于 EU-ETS 中交易活动的文献有所不同，利用计量经济学方法建立了 EU-ETS 中收益可预测性和流动性之间的日内联系。例如，Frino 等及 Benz 和 Hengelbrock 考察了市场流动性，而 Daskalakis 及 Montagnoli 和 de Vries 则对 EU-ETS 的市场效率进行了研究。然而，这些研究都没有探讨碳定价和流动性之间可能存在的联系。从政策和经济角度来看，研究这种联系非常重要。虽然第 3 章中的研究结果表明，具有较高流动性水平（和较低的信息不对称）的碳工具定价更具效率，但这些结果并不构成碳定价与流动性的直接联系。此外，上述文献主要侧重于使用 10 个月的数据对比碳市场在正常交易时间和盘后交易时间的交易活动。因此，本研究基于 40 个月的交易数据，可以视为是上述工作的延伸。[3]

本章其余部分安排如下：第 6.2 节讨论样本选择并描述数据。第 6.3 节报告计量经济学方法和实证结果，最后第 6.4 节为本章小结。

6.2 数据

我们的样本期涵盖了EU-ETS第二阶段的大部分时间。我们在特定工具的基础上计算所有订单不平衡、流动性和期货收益指标。在定价动态的研究中使用特定工具变量是基于微观结构文献的做法。对于动态工具而言，日与日之间的序列相关性近似为0，因为动态工具的交易过于频繁，以至于异常情况难以长期存在。因此，对像ECX这类具有活跃交易工具的平台，考察流动性和定价之间的联系应集中在日内交易上。Conrad等已经报告了日内收益的序列相关性。这种现象是由订单流的持续性造成的，这表明订单显著地向某个特定方向移动。如果方向的改变是为了买入，那么收益就呈现出正向的持续性，如果是卖出，回报就会持续为负。这种收益的持续性通常会在短时间内持续存在；直到订单流被反向订单所平衡（见Chordia等对这一过程的全面分析）。因此，Mizrach和Otsubo仅使用日度指标进行碳期货订单不平衡分析将不足以满足需求。由于Mizrach和Otsubo关注的是每日订单不平衡，因此其研究结果对于我们探讨的问题并不适用。基于以下两点考虑，我们将本研究的重点放在15 min的时间间隔上，而不是其他研究所使用的5 min时间间隔：

（1）对于在ECX上交易不活跃的工具，考虑到其非交易问题：由于在EU-ETS衍生品交易平台上，最接近到期日的合约通常占排放许可证交易的80%左右，因此通过将时间间隔延长至15分钟来考虑非交易情况。

（2）理论上，在动态市场中，由于市场效率低下会创造套利机会，因此订单失衡与回报之间的预测性联系不应持续超过几分钟的时间。（根据Chordia等的研究，应少于60 min）。由此产生的交易活动反过来有助于恢复一定的定价效率。因此，虽然非交易仍然是一个问题，但选择的时间间隔必须足够短，以捕捉交易活动中的低效率。这决定了我们不能将时间间隔延长到超过15分钟。

基于上述情况以及在非交易存在的情况下确定序列相关性的问题，我们将分析限制在特定履约年度交易相对频繁的工具上。[4]我们还遵循Chordia等人的方法，剔除了与交易所主要CFI交易特征不同的工具。因此，我们排除了EUAs每日期货和EUAs价差。最终，样本中只保留了5个不同交易年份的EUAs期货合约。这些是2008年—2012年12月到期的合约。[5]重要的是，在调查期间，这些12月到期的合约占ECX日交易量的76%以上。直接从ICE/ECX伦敦平台获得的数据集包括2008年1月至2011年4月间在ECX平台上进行的所有ECX EUA期货合约的日内逐笔电子交易记录。数据集包含日期、时间戳、市场标识符、产品描述、交易月份、订单标识符、交易方向（买入/卖出）、交易价格、交易数量、父标识符和交易类型。数据集按EU-ETS第二阶段的四个履约期划分，即2008—2011履约年。整个期间的最小报价单位（tick size）为0.01欧元，比2007年3月27日（第一阶段）的0.05欧元有所减少。基于监管履约期限的时间间隔划分是外生性的，为检验流动性对收益可预测性的影响提供了实证基础。

6.2.1 订单不平衡和回报指标

为探究流动性和定价之间的联系，我们首先计算本章大部分内容所使用的变量。在数据集中，所有交易都被标记为买方发起或卖方发起，因此我们不需要通过算法来给交易分类。我们分别使用基于名义交易和欧元交易权重的两种订单不平衡方法。用等式（6.1）计算每个CFI在每个15 min区间内的名义订单不平衡（$OIBQ_t$），而欧元订单不平衡（$OIB€_t$）则简单地用等式（6.1）与交易的欧元交易价值进行加权，如等式（6.2）所示。[6] 与欧元订单不平衡衡量指标不同，名义订单不平衡是非加权的，无法说明交易的经济意义。因此，在大多数分析中，我们使用前者作为订单不平衡的度量。

$$OIBQ_t = \frac{(\text{Buy}_t - \text{Sell}_t)}{(\text{Buy}_t + \text{Sell}_t)} \tag{6.1}$$

$$OIB€_t = \frac{(€\text{Buy}_t - €\text{Sell}_t)}{(€\text{Buy}_t + €\text{Sell}_t)} \tag{6.2}$$

对于每个CFI，在每个交易日的每一个15 min间隔内计算上述指标。在计算15 min回报变量时，我们使用每15 min周期内的最后一笔交易价格。[7] 尽管根据报价计算的收益被认为比根据交易价格计算的收益偏差更小，但我们在根据报价计算时面临两个挑战。首先，由于严重的交易频率差异，ECX上CFI的交易发生率存在异质性。该方法可能导致不同的CFI在不同的时间跨度上计算收益，结果将潜在地存有偏差和矛盾。还应注意到，用交易价格计算收益可能会受到买卖反弹的影响。然而，4个履约期的交易价格汇总统计数据表明，在ECX数据集中，这并不是一个重要问题。另外，由于我们的分析是基于特定合约的指标，我们也减轻了非同步性的问题。此外，当当某个合约在t-1时刻未发生交易时，我们在构建t时刻的市场总量时不会使用该合约。因此，我们采用交易价格来计算每15 min时间段的收益变量，例如10:15的收益是用10:00的最后一笔交易和10:15的最后一笔交易来计算的。

对于所有使用滞后估计的分析，每个交易时段/日的第一个15 min时间段被删除，因为它与前一个交易时段的滞后区间相关。

6.2.2 流动性指标

我们采用了两种基于定期 15 min 间隔的交易价格构建的短期流动性度量方法。相对价差是衡量流动性的主要指标，定义为最佳 / 最高交易买入价减去最佳 / 最低交易卖出价，然后将其除以每 15 min 时间段的最佳交易买入价和最佳交易卖出价的平均值。交易价差是衡量流动性的次要指标，其定义为同一时间段内的最佳交易买入价减去最佳交易卖出价。[8] 交易价差的计算是为了用于鲁棒性分析，在本章中大部分关于它的结果并未展示。

首先计算特定合约的每日买卖价差指标，然后对 CFI 样本进行横断面加总，以获得整个市场的流动性价值。根据 EU-ETS 第二阶段的履约期限，识别出 4 个外生的流动性期。基于可用数据，样本跨越了 40 个月的交易。期间（1）为 2008 年 1 月 2 日至 12 月 31 日；期间（2）为 2009 年 1 月 2 日至 12 月 31 日；期间（3）从 2010 年 1 月 4 日至 12 月 31 日；以及 2011 年 1 月 3 日至 4 月 29 日为期间（4）。期间（4）受到本研究可用数据的限制。这 4 个期间分别对应于第二阶段第一年、第二年、第三年和第四年。由于它们总计代表了第二阶段的 2/3 时期，因此具有很好的代表性。

6.3 结果和讨论

6.3.1 统计数据汇总

表 6.1 显示了交易价差、相对价差、市场回报和两个订单不平衡程度指标的汇总统计数据。这些样本代表了在指定时期内检验的所有合同的价格，不包括那些缺失的观察值（例如，没有交易发生）。统计数据清晰地表明，在 4 个履约期内，流动性有了很大改善。第二阶段第一年的平均交易价差和相对价差分别为 0.119 7 欧元和 0.004 3 欧元。到第四年交易价差和相对价差分别大幅下降 74% 和 56%，至 0.0313 74 欧元和 0.001 918 欧元。订单不平衡程度普遍增加，$OIBQ_t$ 和 $OIB€_t$ 分别从第一年的负值（-0.005 787 欧元和 -0.082 79 欧元）上升到第四年的正值（0.020 42 欧元和 0.002 767 欧元）。由于统计结果与 Chordia 等人（2008）的结果相似，因此，这表明市场的买入交易与卖出交易的比率在不断增加。定价效率最高的市场通常会记录更多的买入交易而非卖出交易，因为套利交易者从保持中性头寸的角度出发，从中寻找并竞买机会。

表 6.1　15 min 流动性和订单不平衡指标的描述性统计

时间段	指标	交易价差 / 欧元	相对价差	$OIBQ_t$	$OIB€_t$
整个样本期	平均	69.00	3.45	−18.90	−28.70
$t = 847$	中间值	54.00	2.88	0.24	−21.40
$t = 58\ 836$	标准偏差	51.00	2.10	210.00	200.00
第二阶段第一年	平均	120.00	4.31	−5.79	−82.80
$t = 256$	中间值	103.00	3.75	6.12	−89.50
$t = 14\ 125$	标准偏差	58.00	2.17	330.00	250.00
第二阶段第二年	平均	65.00	4.26	−30.20	−12.50
$t = 254$	中间值	60.00	3.70	−14.10	14.80
$t = 18\ 550$	标准偏差	29.00	2.34	180.00	210.00
第二阶段第一年	平均	34.00	2.28	−26.90	−14.20
$t = 255$	中间值	31.00	2.10	−20.90	−15.70
$t = 21\ 239$	标准偏差	11.00	0.80	140.00	170.00
第二阶段第一年	平均	31.00	1.92	20.4	2.77
$t = 82$	中间值	25.00	1.55	1.90	7.77
$t = 4\ 922$	标准偏差	17.00	0.94	90.00	130.00

表 6.1 显示了根据 ECX 交易数据计算的流动性和订单不平衡指标的描述性统计数据。所有列出的值都乘以系数 10^3。交易价差是每 15 min 最佳交易的买入价和卖出价之差；相对价差定义为最佳交易买入价减去最佳交易卖出价，然后除以相同时间段内最佳交易买入价和最佳卖出价的平均值。价差是每种交易品种一天内的平均值，以及所有交易品种横截面上的平均值。$OIBQ_t$ 是指每个交易日内，每个 15 分钟间隔内买方发起交易数与卖方发起交易数之差除以总交易数。$OIB€_t$ 是买方发起交易的欧元价值减去卖方发起交易的欧元价值，然后除以同一时间间隔内交易的总欧元价值。T 代表交易期 / 年中的总天数；t 代表所有交易品种 15 分钟间隔的累计数量。该数据为欧盟排放权交易体系（EU-ETS）第二阶段的数据，时间跨度为 2008 年 1 月 2 日至 2011 年 4 月 29 日。该数据包括在此期间交易的 12 月到期的欧盟碳排放配额（EUAs）期货合约。根据交易活动限制，每年分析的合约划分如下：2008 年分析 2008 年 12 月、2009 年 12 月和 2010 年 12 月到期的合约；2009 年分析 2009 年 12 月、2010 年 12 月和 2011 年 12 月到期的合约；2010 年分析 2010 年 12 月、2011 年 12 月和 2012 年 12 月到期的合约；2011 年分析 2011 年 12 月和 2012 年 12 月到期的合约。

6.3.2 相关性

表 6.2 显示两个订单不平衡指标（及其滞后值）与期货回报的相关系数。正如人们预期的那样，且与 Chordia 等人（2008）的研究结果一致，订单不平衡指标之间存在高度相关性，但第一年除外，不过所有指标在 1% 的水平上均具有统计学意义。回报与订单不平衡指标的相关性不高。这些结果更符合每日水平指标之间的相关性，这也正如 Chordia 等人（2005）所指出的，每日订单不平衡指标和回报之间的相关性非常低。尽管我们记录的第二年统计上显著的负相关性可能令人惊讶，但这并不罕见，尤其是当计算回报和订单不平衡指标时使用的频率低于 5 min 的情况下（参见 Chordia 等人，2005）。对于其他时间段和 $OIBQ_t$ 衡量指标，相关系数均为正，且在统计学上显著。对于 $OIB€_t$，只有第三年的系数在所有测试水平上都不具有统计学显著性。这里最初的期望是回报与订单不平衡量之间存在高度相关性。然而情况并非如此，相关性分析的结果并不能充分证明 ECX 上回报与订单不平衡量之间存在联系。重要的是要理解，虽然碳交易平台上已有多种投资工具，但该市场的主要目的并非创造财富，而是建立一个受排放限制的经济体。这使我们正在研究的市场效率与流动性之间的关系变得更为复杂。

表 6.2　ECX15 min 交易时间段的相关性

时间	指标	回报	$OIBQ_{t-1}$
整个样本（2008—2011）	$OIBQ_{t-1}$	0.01	
$t = 58\ 836$	$OIB€_{t-1}$	0.00	0.53^{***}
第二阶段第一年	$OIBQ_{t-1}$	0.02^{*}	
$t = 14\ 125$	$OIB€_{t-1}$	0.02^{*}	0.39^{***}
第二阶段第二年	$OIBQ_{t-1}$	-0.01^{*}	
$t = 18\ 550$	$OIB€_{t-1}$	-0.01^{*}	0.80^{***}
第二阶段第三年	$OIBQ_{t-1}$	0.02^{**}	
$t = 21\ 239$	$OIB€_{t-1}$	0.01	0.64^{***}
第二阶段第四年	$OIBQ_{t-1}$	0.02	
$t = 4\ 922$	$OIB€_{t-1}$	0.03^{**}	0.55^{***}

注：***、** 和 * 分别代表 1%、5% 和 10% 水平的统计学显著性。根据交易活动限制，每年分析的合约划分如下：2008 年使用 2008 年 12 月、2009 年和 2010 年到期的合约；2009 年使用 2009 年 12 月、2010 年和 2011 年到期的合约；2010 年使用 2010 年 12 月、2011 年和 2012 年到期的合约；2011 年使用 2011 年 12 月和 2012 年到期的合约。

表 6.2 显示了 3 个变量的相关值。$OIBQ_t$ 是指每个交易日内，每个 15 分钟间隔内买方发起交易数与卖方发起交易数之差除以总交易数。$OIB€_t$ 是买方发起的交易的欧元价值减去卖方发起的交易的欧元价值，然后除以同一时间间隔内交易的总欧元价值。收益是根据每个 15 分钟间隔内的最后一笔交易来计算的。t 代表所有交易品种 15 分钟间隔的累计数量。该数据为欧盟排放权交易体系（EU-ETS）第二阶段的数据，时间跨度为 2008 年 1 月 2 日至 2011 年 4 月 29 日。该数据包括在此期间交易的 12 月到期的欧盟碳排放配额（EUAs）期货合约。

6.3.3 预测回归、市场效率与流动性

我们采用了 Chordia 等人（2008）的收益可预测性模型［见式（6.3）］来评估短期效率水平。假设 Ret_t 是合约收益，订单不平衡指标（Order Imbalance $_{t-1}$）对应的是前一个 15 分钟间隔内的 $OIBQ_t$ 或 $OIB€_t$，则

$$Ret_t=\alpha+\beta_1\text{Order Imbalance}_{t-1}+\varepsilon_t \tag{6.3}$$

根据相关性分析的结果，对预测回归的期望不是很明确。表 6.3 为基于滞后订单不平衡指标的 15 min 收益的预测回归结果。面板 A 为使用 $OIBQ_t$ 度量进行回归的结果，面板 B 显示了使用 $OIB€_t$ 度量进行回归的结果，两种回归的结果在不同时间段内军不稳定。对于整个样本的回归的结果表明，在 ECX 上，滞后订单不平衡不是短期收益的显著预测因子，且这一结论对于两种订单不平衡度量均适用。但是，基于时间段的结果有不同的发现。例如，在面板 A 中，对于第二阶段第一年、第二阶段第三年和第二阶段第四年中，$OIBQ_t$ 系数（显著性值）分别为 0.000 325（0.08）、0.000 368（0.02）和 0.000 441（0.03）。三个时期的 R^2 分别为 0.025%、0.022% 和 0.005 4%。同样，更重要的是，在使用 $OIB€_t$ 度量的四个时间段中，面板 B 报告了其中三个时间段的统计显著系数。在第二阶段交易的第一年、第二年和第四年中，$OIB€_t$ 系数（显著性水平）分别为 0.000 582（5%）、0.000 547（10%）和 0.000 436（10%）。三个时间段的 R^2 分别为 0.023%、0.02% 和 0.009%。因此，如果不考虑所考察的 40 个月期间的总体估计，我们可以看到订单不平衡在决定市场收益方面的影响，很明显这种解释能力随着时间的推移而减弱，这一结论与 Chordia 等人（2008）的观点一致。这些结果表明，在所考察的时期内，收益的可预测性在下降，因此，正如 Chordia 等人（2008）所论证的，收益可预测性的降低提高了定价效率。

表 6.3　基于滞后订单不平衡的 15 分钟收益预测回归

因变量：Ret_t			
整个样本（2008—2011 年）	系数	t- 统计量	
面板 A			
截距	0.35	0.13	
$OIBQ_{t-1}$	18.10	1.46	
R^2		3.60	
第二阶段第一年			
截距	−5.09	−0.84	
$OIBQ_{t-1}$	32.50*	1.77	
R^2			25.30
第二阶段第二年			
截距	−1.23	−0.19	
OIBQt−1	0.36	1.00	
R^2			24.40
第二阶段第三年			
截距	2.69	1.19	
OIBQt−1	36.80**	2.32	
R^2			22.20
第二阶段第四年			
截距	7.54**	2.08	
OIBQt−1	44.1**	2.10	
R^2			5.40
面板 B			
截距	−0.17	−0.07	
OIB€t−1	5.90	0.46	
R^2			0.40
第二阶段第一年			
截距	−8.28**	−2.34	
OIB€t−1	0.58**	2.07	
R^2			22.90
第二阶段第二年			
截距	−0.84	−0.14	
OIB€t−1	54.7*	1.84	
R^2			18.30

续表

因变量：Ret_t			
第二阶段第三年			
截距	1.96	0.88	
$OIB€t$-1	0.18	1.36	
R^2			8.70
第二阶段第四年			
截距	-1.67	-0.26	
$OIB€t$-1	0.44*	1.80	
R^2			8.68

注：***、** 和 * 分别代表 1%、5% 和 10% 的显著性水平。

面板 A 显示了 ECX 上欧盟碳排放配额（EUAs）期货合约的 15 min 预测回归结果。$OIBQ_{t-1}$ 在 t-1 的 15 min 时间隔内，买方发起交易数量与卖方发起交易数量之差，除以该间隔内的总交易数量。Ret_t 根据每个 15 min 间隔内的最后一笔交易计算得出的，代表 t 间隔的收益。面板 B 显示了 ECX 上欧盟碳排放配额（EUAs）期货合约的 15 min 预测回归结果。$OIB€_{t-1}$ 是买方发起的交易的欧元价值减去卖方发起的交易的欧元价值，然后除以 t-1 的 15min 间隔内交易的总欧元价值。Ret_t 根据每个 15 min 间隔内的最后一笔交易计算得出的，代表 t 间隔的收益。具体而言，以下回归是使用 Newey 和 West（1987）提出的异方差自相关一致（HAC）标准误的最小二乘法进行估计的：

$$Ret_t=\alpha+\beta_1 \text{Order Imbalance}_{t-1}+\varepsilon_t$$

所有系数和 R^2 值乘以因子 10^5，***, ** 和 * 分别代表在 1%、5% 和 10% 水平上的统计显著性。使用的数据为欧盟排放交易体系（EU-ETS）第二阶段的数据，时间跨度为 2008 年 1 月 2 日至 2011 年 4 月 29 日。该数据包括在此期间交易的 12 月到期的欧盟碳排放配额（EUAs）期货合约。根据交易活动的限制，每年分析的合约划分如下：2008 年使用 2008 年—2010 年 12 月到期的合约；2009 年使用 2009 年—2011 年 12 月到期的合约；2010 年使用 2010 年—2012 年 12 月到期的合约；2011 年使用 2011 年和 2012 年 12 月到期的合约。

考虑 ECX 的交易频率和 15 min 的时间间隔，这些数值是理想的，为进一步探讨滞后订单不平衡影响短期收益的假设提供了基础。由于有观点认为估计值存在周期依赖性问题，我们接下来研究定价在四个周期内是如何演变的。从 2008 年 1 月到 2011 年 4 月，我们对观察的 40 个月进行了月度预测回归。此及后续分析，我们使用 $OIB€_t$ 作为唯一的订单不平衡指标，因为它代表了交易不平衡的经济意义，且它在表 6.3 中的结果更为显著。我们预计，随着市场定价效率的提高，订单不平衡在预测短期收益方面的作用会减弱。因此，R^2 值预计将在整个周期内逐渐下降。图 6.1 显示了整个时期的月度回归 R^2 和 t- 统计值曲线，图中表明 R^2 从 2008 年 9 月的 1.483 1% 降到 2011 年 2 月的 0.000 4%。t- 统计值在整个时期内基本保持稳定且为正，特别是在 2009 年 4 月至 2011 年 4 月。该数值在 2008 年 2 月达到峰值 3.81，并在 2011 年 4 月以 1.08 结束。

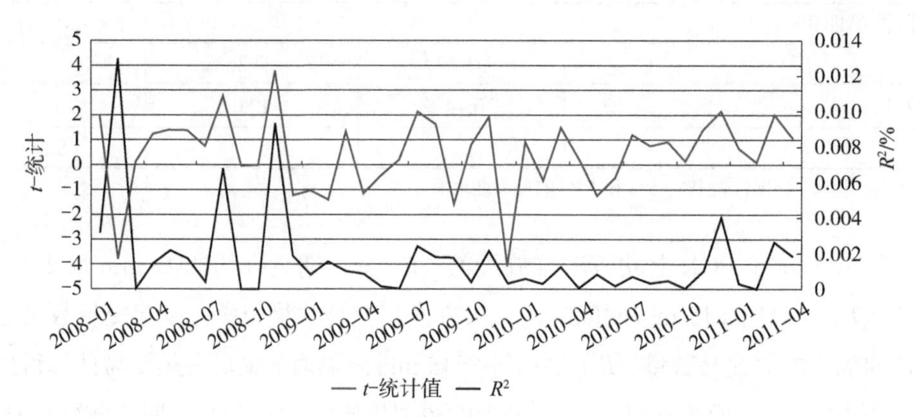

图 6.1　通过 15 min 收益预测和 15 min 滞后欧元订单不平衡来衡量市场效率

图 6.1 显示了使用 ECX 上的欧盟碳排放配额（EUAs）期货合约的 15 min 预测回归，从月度回归中获得的预测 R^2 和相应的 t- 统计值。订单不平衡 ϵ_{t-1} 等于买方发起的交易的欧元价值减去卖方发起的交易的欧元价值，然后除以 15 min 时间段内 $t-1$ 交易的总欧元价值。Ret_t 是时间段 t 的收益，使用每个时间段的最后一笔交易，每 15 min 计算一次。因此，估计了以下回归：

$$Ret_t=\alpha+\beta_1\text{Order Imbalance}_{t-1}+\varepsilon_t$$

该数据为欧盟排放交易体系（EU-ETS）第二阶段的数据，时间跨度为 2008 年 1 月 2 日至 2011 年 4 月 29 日。该数据包括在此期间交易的 12 月到期的欧盟碳排放配额（EUAs）期货合约。根据交易活动限制，每年分析的合约划分如下：对于 2008 年，使用 2008 年 12 月、2009 年 12 月和 2010 年 12 月到期的合约；对于 2009 年，使用 2009 年 12 月、2010 年 12 月和 2011 年 12 月到期的合约；对于 2010 年，使用 2010 年 12 月、2011 年 12 月和 2012 年 12 月到期的合约；对于 2011 年，使用 2011 年 12 月和 2012 年到期的合约。请注意，R^2 实际上均不为 0。

与 Chordia 等人（2008）以及 Chung 和 Hrazdil（2010a）的研究一致，我们接下来研究流动性和市场效率之间的关系，这是本研究的主要目标。衡量流动性的最直接的方法是考察买卖价差。交易价差因此被定义为最高买价减去最低卖价。其变体（参见 Amihud

和 Mendelson 1986）是相对价差。它被定义为交易价差除以买入价和卖出价的平均值。虽然流动性是交易成本的一个重要组成部分，但 Amihud（2002）提出了一种更直接地代表流动性的替代方案。在流动性较差的市场，任何给定的交易量水平都会比流动性较强的市场引起更大的价格反应。因此，Amihud（2002）比率被定义为绝对收益与交易量的比率。然而，交易量可能会因经济规模较大的品类而增加，从而产生较大的公司偏差。因此，为了确保结果的稳健性，我们还采用了 Florackis 等人（2011）构建的指标，将 Amihud（2002）比率中的交易量用换手率替代。这一原则与上述原则相似，因为对于任何给定比例的交易资产，非流动性市场中的价格变动会更大。与 Amihud（2002）比率相比，这一指标的优势在于，品类交易规模与换手率之间没有显著的相关性。Amihud（2002）和 Florackis 等人（2011）的比率分别表示为等式（6.4）和等式（6.5）：

$$\text{Amihud}_{it} = \frac{1}{D_{it}}\sum_{d=1}^{D_{it}}\frac{|R_{itd}|}{V_{itd}} \tag{6.4}$$

$$\text{Florackis}_{it} = \frac{1}{D_{it}}\sum_{d=1}^{D_{it}}\frac{|R_{itd}|}{TR_{itd}} \tag{6.5}$$

其中，R_{itd}、V_{itd} 和 TR_{itd} 是欧盟碳排放配额（EUAs）期货合约 i 在 t 月 d 天的收益、欧元交易量和成交率，D_{it} 是欧盟碳排放配额（EUAs）期货 i 在 t 月的交易天数。因此，较大的值表明市场流动性较差。

图 6.2 为 40 个月观察期内相对价差和交易价差的时间序列图。[9] 由图 6.2 可知，两种流动性衡量指标是一致的。值得注意的是，在整个交易期间，市场价差持续缩小，这表明 ECX 的流动性随着时间的推移而改善。[10] 此外，在交易期开始时，似乎都有一个明显的波动。这表明流动性暂时丧失，可能是某种形式的日历效应造成的。[11]

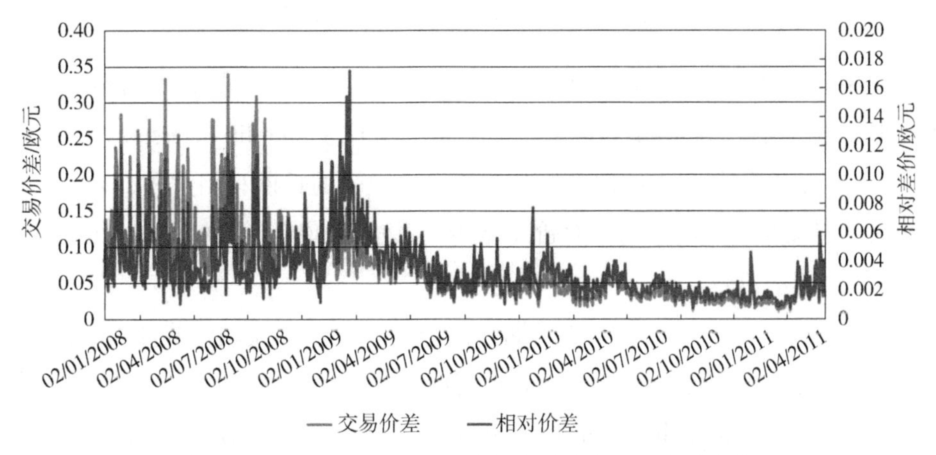

图 6.2　2008—2012 年 ECX 日平均交易价差和相对价差

图 6.2 显示了流动性指标、交易价差和相对价差的日均值曲线图。交易价差（TSPR）是每 15 min 时间段的最佳交易买入价和卖出价之差；相对价差（RSPR）定义为最佳交易买入价减去最佳交易卖出价，然后除以相同时间段内最佳交易买入价和最佳卖出价的平均值。每种品类的价差在一天内进行平均，并在所有品类之间进行横截面平均。该数据为欧盟排放交易体系（EU-ETS）第二阶段的数据，时间跨度为 2008 年 1 月 2 日至 2011 年 4 月 29 日。该数据包括在此期间交易的 12 月到期的欧盟碳排放配额（EUAs）期货合约。根据交易活动限制，每年分析的合约划分如下：对于 2008 年，使用 2008 年 12 月、2009 年 12 月和 2010 年 12 月到期的合约；对于 2009 年，使用 2009 年 12 月、2010 年 12 月和 2011 年 12 月到期的合约；对于 2010 年，使用 2010 年 12 月、2011 年 12 月和 2012 年 12 月到期的合约；对于 2011 年，使用 2011 年 12 月和 2012 年到期的合约。

价格影响比率的结果如图 6.3 所示。可以看出，这些衡量指标的变化与图 6.2 一致。

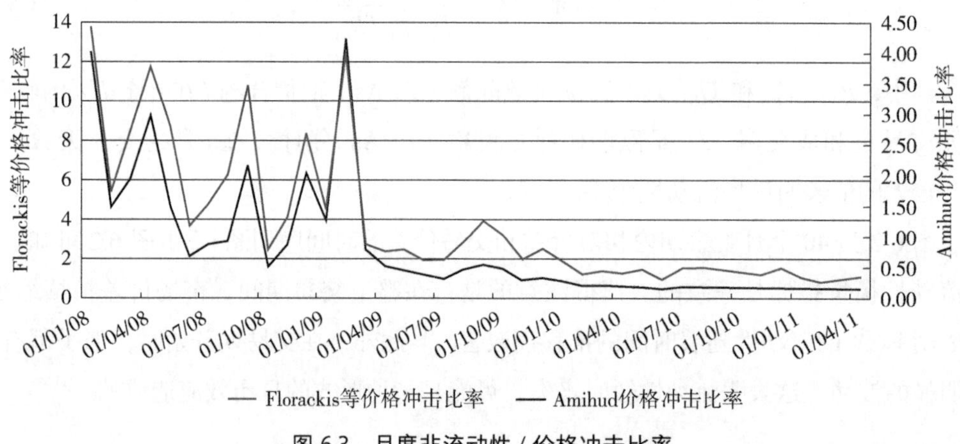

图 6.3　月度非流动性 / 价格冲击比率

参考 Blume 等人（1989）以及 Cox 和 Peterson（1994）的研究，在流动性极低的时期，非流动性因素的影响更为显著。鉴于此，为了与 Chordia Peterson（1994）的研究保持一致性，我们将样本中的日期分为流动性较强的日期和相对非流动性的日期，非流动性日定义为当天的平均相对价差至少比其前后 30 天（-30，+30）的平均相对价差高出一个标准偏差。[12]

在表 6.4 中，我们给出了 40 个月期间高流动性日和低流动性日相对价差的描述性统计数据。总的趋势是，非流动性日占各时期总交易天数的比例逐年下降。例如，Phase Ⅱ -Year Ⅰ、Phase Ⅱ -Year Ⅱ、Phase Ⅱ -Year Ⅲ和 Phase Ⅱ -Year Ⅳ[13]，非流动性日占总交易天数的百分比分别为 13.58%，12.89%，10.87% 和 9.33%。这里所显示的逐渐改善与图 6.2 和图 6.3 一致。如果与图 6.1 结合起来考虑，则表明当市场流动性更强时，市场效率会提高。[14] 我们接下来对此进行实证检验。

表 6.4　ECX 流动性日和非流动性日分布（2008—2011 年）

时间	指标	流动性日的相对价差	非流动性日的相对价差
第二阶段第一年	平均值	4.31	4.37
	中间值	3.74	4.45
	标准偏差	2.22	0.85
	样本天数（T）/ 天	223	33
第二阶段第二年	平均值	4.17	4.98
	中间值	3.61	4.51
	标准偏差	2.36	2.08
	样本天数（T）/ 天	225	29
第二阶段第三年	平均值	2.29	2.22
	中间值	2.09	2.10
	标准偏差	8.24	0.55
	样本天数（T）/ 天	230	25
第二阶段第四年	平均值	1.94	1.65
	中间值	1.59	1.42
	标准偏差	0.97	0.52
	样本天数（T）/ 天	75	7

图 6.3 显示了 Amihud（2002）和 Florackis 等人（2011）计算的每月非流动性比率曲线图，分别为（i）和（ii）：

$$\text{Amihud}_{it}=\frac{1}{D_{it}}\sum_{d=1}^{D_{it}}\frac{|R_{itd}|}{V_{itd}} \tag{i}$$

$$\text{Florackis}_{it}=\frac{1}{D_{it}}\sum_{d=1}^{D_{it}}\frac{|R_{itd}|}{TR_{itd}} \tag{ii}$$

其中，R_{itd}、V_{itd} 和 TR_{itd} 是欧盟碳排放配额（EUAs）期货合约 i 在 t 月 d 天的收益、欧元交易量和成交率，R_{it} 是欧盟碳排放配额（EUAs）期货 i 在 t 月的交易天数。这些比率是所有品类的横截面平均值。该数据为欧盟排放交易体系（EU-ETS）第二阶段的数据，时间跨度为 2008 年 1 月 2 日至 2011 年 4 月 29 日。该数据包括在此期间交易的 12 月到期欧盟碳排放配额（EUAs）期货合约。根据交易活动限制，每年分析的合约划分如下：对于 2008 年，使用 2008 年 12 月、2009 年 12 月和 2010 年 12 月到期的合约；对于 2009 年，使用 2009 年 12 月、2010 年 12 月和 2011 年 12 月到期的合约；对于 2010 年，使用 2010 年 12 月、2011 年 12 月和 2012 年 12 月到期的合约；对于 2011 年，使用 2011 年 12 月和 2012 年到期的合约。

表 6.4 显示了 ECX 上流动性日和非流动性日的分布。每日相对价差（衡量流动性的指标）是使用 12 月到期的“欧盟碳排放配额（EUAs）期货合约计算的。相对价差定义为最佳交易买入价减去最佳交易卖出价，然后除以 15 min 间隔内最佳交易买价和卖价的平均值，再对每个交易日进行平均。每日相对价差比其前后 30 天内（-30，+30）的平均相对价差高出至少一个标准差，我们将这样的一天定义为非流动性日，否则定义为流动性日。所有价差估计值均乘以系数 10^3。该数据为欧盟排放交易体系（EU-ETS）第二阶段的数据，时间跨度为 2008 年 1 月 2 日至 2011 年 4 月 29 日。该数据包括在此期间交易的 12 月到期的“欧盟碳排放配额（EUAs）期货合约。根据交易活动限制，每年分析的合约划分如下：对于 2008 年，使用 2008 年 12 月、2009 年 12 月和 2010 年 12 月到期的合约；对于 2009 年，使用 2009 年 12 月、2010 年 12 月和 2011 年 12 月到期的合约；对于 2010 年，使用 2010 年 12 月、2011 年 12 月和 2012 年 12 月到期的合约；对于 2011 年，使用 2011 年 12 月和 2012 年到期的合约。

为了实证分析流动性对市场效率演变的影响，我们研究订单不平衡变量（$OIB€_t$）与低流动性日虚拟变量的相互作用。每当相对价差比其前后 30（-30，+30）天的平均相对价差高出至少一个标准差时，该日虚拟变量的值为 1，否则为 0。假设 ILD_t 对应 t 日的低流动性虚拟变量，则等式（6.3）变为

$$Ret_t=\alpha+\beta_1\text{Order Imbalance}_{t-1}+\beta_2\text{Order Imbalance}_{t-1}*\text{ILD}+\varepsilon_t \quad (6.6)$$

表 6.5 显示了 ECX 上欧盟碳排放配额（EUAs）期货合约的 15 min 预测回归结果。$OIB€_{t-1}$ 是买方发起的交易的欧元价值减去卖方发起的交易的欧元价值，然后除以 15 min 时间段（t -1）内交易的总欧元价值。Ret_t 是时间段 t 的收益，使用每个时间段的最后一笔交易，每 15 min 计算一次。当比其前后 30 天内（-30，+30）的平均相对价差高出至少一个标准差时，每天的虚拟变量 ILD 为 1.0，否则为 0。具体而言，以下回归是使用 Newey 和 West（1987）提出的异方差自相关一致（HAC）标准误的最小二乘法进行估计的：

$$Ret_t=\alpha+\beta_1\text{Order Imbalance}_{t-1}+\beta_2\text{Order Imbalance}_{t-1}*ILD+\varepsilon_t$$

表 6.5　滞后 $OIB€_t$ 和滞后 $OIB€_t$ 与非流动性虚拟变量交互的 15 min 收益的预测回归

时间	指标	系数	t- 统计值	概率	值
第二阶段第一年 $t = 13\ 869$	截距	−0.09	−0.14	0.89	
	$OIB€_{t-1}*ILD$	33.40***	4.05	0.00	
	$OIB€_{t-1}$	1.62	0.64	0.52	
	R^2				38.00
第二阶段第二年 $t = 18\ 296$	截距	−0.07	−0.12	0.91	
	$OIB€_{t-1}*ILD$	33.10***	3.80	0.00	
	$OIB€_{t-1}$	3.08	0.98	0.33	
	R^2				13.90
第二阶段第三年 $t = 20\ 984$	截距	0.20	0.89	0.37	
	$OIB€_{t-1}*ILD$	4.38	1.12	0.26	
	$OIB€_{t-1}$	1.23	0.86	0.39	
	R^2				1.45
第二阶段第四年 $t = 4\ 840$	截距	0.82**	2.31	0.02	
	$OIB€_{t-1}*ILD$	20.70**	2.23	0.03	
	OIB€t-1	1.91	0.64	0.52	
	R^2				4.51

注：***、** 和 * 分别表示 15%、10% 和 5% 的显著性水平。

所有系数和 R^2 乘以系数 10^4。该数据为欧盟排放交易体系（EU-ETS）第二阶段的数据，时间跨度为 2008 年 1 月 2 日至 2011 年 4 月 29 日。该数据包括在此期间交易的 12 月到期的欧盟碳排放配额（EUAs）期货合约。根据交易活动限制，每年分析的合约划分如下：对于 2008 年，使用 2008 年 12 月、2009 年 12 月和 2010 年 12 月到期的合约；对于 2009 年，使用 2009 年 12 月、2010 年 12 月和 2011 年 12 月到期的合约；对于 2010 年，使用 2010 年 12 月、2011 年 12 月和 2012 年 12 月到期的合约；对于 2011 年，使用 2011 年 12 月和 2012 年到期的合约。

因此，运行回归方程（6.6）得到，在非流动性日中，滞后 $OIB€_t$ 变量与虚拟变量的交互项变为 $OIB€_{t-1}$，并且在其他日期中为 0。[15] 在表 6.5 中，我们给出了回归分析的结果，在这个分析中，我们重点关注交互项的显著性，即系数 β_2。检验的周期中三个周期的系数均为正，且具有统计学意义。对于 Phase Ⅱ -Year Ⅰ，系数为 0.003 341（$p = 0.00$）；对于 Phase Ⅱ -Year Ⅱ，系数为 0.003 313（$p = 0.00$）。这一趋势也适用于所检验的最后一年，即 Phase Ⅱ -Year Ⅳ，系数为 0.002 1（$p = 0.03$）。如表 6.3 中的面板 B 所示，Phase Ⅱ -Year Ⅲ与其他期间观察到的总体趋势不一致。Phase Ⅱ -Year Ⅰ的系数值最高，此后逐年下降，直到第四年略有上升。Phase Ⅱ -Year Ⅲ（即 2010 年）出现偏差的一个可能原因是，2009 年 12 月在哥本哈根举行的联合国气候变化框架公约缔约方会议未能就全球气候政策达成协议，该协议曾被寄予厚望且雄心勃勃。因此，未能实现哥本哈根会议设定的预期目标似乎对随后几个月的碳市场产生了影响。

滞后订单不平衡系数（β_1）在统计学上均不显著。这意味只有在市场流动性不足的情况下，滞后订单不平衡才能影响 / 预测收益。表 6.5 中的结果表明，关于非流动性和滞后订单流的这一发现可以解释更大比例的收益变化。与 Chung、Hrazdil（2010b）以及等人（2008）在纳斯达克和纽约证券交易所的发现一致，R^2 从 Phase Ⅱ -Year Ⅰ到 Phase Ⅱ -Year Ⅳ逐年下降。例如，在 Phase Ⅱ -Year Ⅰ时 R^2 为 0.003 8，但到了 Phase Ⅱ -Year Ⅳ时 R^2 降至 0.000 451。观察到的周期性模型的解释力及其显著性的下降与图 6.2、图 6.3 及表 6.1 中报告的流动性的逐步改善是一致的。因此，流动性的调整会影响市场效率的水平，Kalaitzoglou 和 Maher Ibrahim（2013）报告称，15min 内流动性的改善导致定价效率的提高，这可能与套利者的活动有关。如 Bredin 等人（2011）报告称，流动性交易者在欧盟排放交易体系（EU-ETS）中发挥着主导作用，这对于在订单失衡发生或加剧时为套利者提供交易对手方非常重要。

外生冲击可能导致极端的订单不平衡，进而导致流动性损失。因此，在我们的分析中，使用 $OIB€_t$ 上的低流动性虚拟变量来确定流动性的影响，而不是直接研究流动性对提高市场效率的影响，这样我们也可以很好地获得外生冲击的影响。因此，为了检验这种可能性，我们按照 Chordia 等人（2008）的方法，构建了流动性和非流动性时期的绝对订单不平衡。我们为所有 4 个时期都设立了这些衡量指标，发现在流动性日和非流动性日里都只有极小的变化。这一结果意味着，我们的结果确实反映了流动性在提高市场效率中的真实作用，以及脚注 15 中提到的其他几项因素。正如 Chordia 等人（2008）所讨论的，假设非流动性是由已签署的订单失衡共同决定的是不合逻辑的。如果市场确实发生了外部的诱发非流动性的事件，那么应该预期卖出的订单和买入的订单都会减少。

6.3.4 Granger 因果分析

作为对鲁棒性的额外检验，并为了进一步探讨 t 日的价差缩小是否会导致 t+1 日的定价改善，我们进行了 Granger 因果检验（参见 Granger 1969），将流动性代理指标的过去值与订单不平衡联系起来。[15] 这是通过估计向量自回归模型（VAR）来进行的，表达形式见等式（6.7）。模型中有两个因变量，第一个 φ 是每日相对价差流动性代理指标，第二个 δ 表示交易的每个 EUAs 期货合约的 15 min 欧元订单不平衡指标的日平均值，选择滞后长度 l 来清除自相关。具体模型如下：

$$\varphi=\alpha_0+\alpha_1\varphi_{t-1}+\cdots+\alpha\varphi_{t-l}+\beta_1\delta_{t-1}+\cdots+\beta_l\delta_{t-l}+\varepsilon_t$$
$$\delta_t=\alpha_0+\alpha_1\delta_{t-1}+\cdots+\alpha\delta_{t-l}+\beta_1\varphi_{t-1}+\cdots+\beta_l\varphi_{t-l}+\mu_t \quad (6.7)$$

模型（6.7）中的等式是同时估算 4 个周期中的每一个周期的。表 6.6 中的统计数据是对模型（6.7）中的每个等式的联合假设的 Wald 统计数据：

$$\beta_1=\beta_2=\cdots=\beta_l=0 \quad (6.8)$$

对等式（6.7）中所有方程，零假设检验是，φ_t 的表达式第一个等式中 δ 不是 φ 的 Granger 原因，以及在 δ_t 的表达模型第二个等式中的 φ 不是 δ 的 Granger 原因。我们在每个时期的特定合约基础上运行这些等式；结果列于表 6.6 的面板 A。

表 6.6　流动性与市场效率动态：Granger 因果分析

时间		订单不平衡没有造成相对价差	相对价差没有引起价格不平衡
面板 A. 每日特定合约（年度相关）流动性和市场效率动态			
第二阶段第一年	2008 年 12 月期货合约	1.48	2.40***
	2009 年 12 月期货合约	0.97	2.93***
	2010 年 12 月期货合约	0.78	2.04*
第二阶段第二年	2009 年 12 月期货合约	1.98**	2.63***
	2010 年 12 月期货合约	5.24***	2.77***
	2011 年 12 月期货合约	1.56	2.88***
第二阶段第三年	2010 年 12 月期货合约	1.06	2.44**
	2011 年 12 月期货合约	1.70**	1.71**
	2012 年 12 月期货合约	4.69***	2.54**
第二阶段第四年	2011 年 12 月期货合约	0.19	0.14
	2012 年 12 月期货合约	0.30	0.98
时间		订单不平衡没有造成相对价差	相对价差没有引起价格不平衡
面板 B. 每日合约流动性与市场效率动态：Granger 因果分析			
2008 年 12 月期货合约		1.48	2.40***
2009 年 12 月期货合约		1.50	4.76***
2010 年 12 月期货合约		1.68*	4.45***
2011 年 12 月期货合约		0.65	3.39***
2012 年 12 月期货合约		2.83***	2.26***

注：***、** 和 * 分别代表 1%、5% 和 10% 水平的统计显著性。

表 6.6 显示了 Granger 因果关系分析的结果。模型如下：

$$\varphi_t=\alpha_0+\alpha_1\varphi_{t-1}+\cdots+\alpha_1\varphi_{t-l}+\beta_1\delta_{t-1}+\cdots+\beta_l\delta_{t-l}+\varepsilon_t$$

$$\delta_t=\alpha_0+\alpha_1\delta_{t-1}+\cdots+\alpha_1\delta_{t-l}+\beta_1\varphi_{t-1}+\cdots+\beta_l\varphi_{t-l}+\mu_t$$

上述模型用于估计样本的（δ，φ）的可能值，其中 δ 表示 15 min 欧元订单不平衡指标的日平均值，φ 是日相对价差流动性代理指标，l 是滞后长度。表中的 F 统计量是对上面模型中每个等式的联合假设的 Wald 统计量：

$$\beta_1=\beta_2=\cdots=\beta_l=0$$

对于每个二元方程，零假设检验是，在式（6.7）的 φ_t 的表达式中 δ 不是 φ 的 Granger 原因，以及在 δ_t 的表达式中的 φ 不是 δ 的 Granger 原因。面板 A 给出了特定合约（年度 / 期间相关）的结果，面板 B 给出了无中断的特定合约的结果。***、** 和 * 分别表示在 1%、5% 和 10% 级别上的统计显著性。该数据为 EU-ETS 第二阶段的数据，时间跨度为 2008 年 1 月 2 日至 2011 年 4 月 29 日。该数据包括在此期间交易的 12 月到期的 EUAs 期货合约。根据交易活动限制，分析的每年的合约划分如下：对于 2008 年，使用 2008 年 12 月、2009 年 12 月和 2010 年 12 月到期的合约；对于 2009 年，使用 2009 年 12 月、2010 年 12 月和 2011 年 12 月的到期日；对于 2010 年，使用 2010 年 12 月、2011 年 12 月和 2012 年 12 月的到期日；对于 2011 年，使用 2011 年 12 月和 2012 年的到期日。

对于前一天的流动性改善不会影响下一天的定价的假设，表 6.6 中的面板 A 显示，对前 3 个周期的所有合约的检验强烈拒绝了这一假设，而第四个周期仅包括 82 d 交易的交易数据，因此我们不能否认这一假设。对于 2009 年 12 月（Phase Ⅱ -Year Ⅱ）、2010 年 12 月（Phase Ⅱ -Year Ⅲ）、2011 年 12 月（Phase Ⅱ -Year Ⅲ）和 2012 年 12 月（Phase Ⅱ -Year Ⅲ）的 EUAs 期货合约，也有双向因果关系的证据。但是并不能从广义上最终确定双向因果关系，因为它只影响特定时期的合同。此外，同一份合同在被测试的所有周期内不一定会受到同样的影响。为了进一步考察期货合约中双向因果关系的可能性，我们还在特定合约的基础上运行 VAR，而没有采用分周期，结果如表 6.6 中面板 B 所示。有大量证据表明，流动性与订单失衡之间存在 Granger 因果关系。然而，只有在 2012 年 12 月合约中观察到双向因果关系。因此，表 6.6 中的证据进一步证实了我们的首要假设，即排放许可证交易平台的流动性会更有效地促进交易。

6.3.5 方差比：衡量收益的随机性

本章的一个关键观点是，订单不平衡（订单流）的日内（短期）收益的可预测性是定价效率的反向指标。Chordia 等提出了另一种涉及收益序列随机性测量收益的方法，这需要比较短期和长期的方差比，即长期收益的方差除以较短时间段收益的估计方差。对于与随机游走过程相协调的市场，只要较短时间段的总和等于较长时间段的总和，那么在较长时间范围内测量到的收益的方差就等于较短时间段的方差总和。基于我们之前的研究结果，我们坚持这样的假设，即在流动性日，与随机游走基准的偏差会较小，也就是说，每个交易工具的方差比将更接近 1。我们赞同 Grossman 和 Miller 提出的观点，即由收益序列收益相关性引起的库存相关问题，可能会导致随机行走的偏离。然而，在大体有效的市场中，这种偏离所创造的套利机会将吸引参与者提供所需的流动性，因此，即使做市商不能吸收订单，随机游走的偏离也将是非常短暂的。

表 6.7　EUAs 期货合约在不同交易期间的每日方差比

时间	第一年	第二年	第三年	第四年
2008 年 12 月	2.18			
2009 年 12 月	9.47	3.46***		
2010 年 12 月	16.61	3.13***	1.08***	
2011 年 12 月		5.68	1.96***	1.43*
2012 年 12 月			2.44	1.37**
总加权值	3.74	3.22	1.39	1.42

注：***、** 和 * 分别表示在 1%、5% 和 10% 的显著性水平上与上一履约年度的数值有显著差异的数值。

表 6.7 显示了特定于合约的 15 min 收益方差与开盘至收盘收益方差的比率，按 ECX 某一交易日中 15 min 时间段的数量进行计算。表中的最后一行是每个周期期间的交易值加权总方差率。数据定义见表 6.7。该数据为 EU-ETS 第二阶段的数据，时间跨度为 2008 年 1 月 2 日至 2011 年 4 月 29 日。该数据包括在此期间交易的 12 月到期的 EUAs 期货合约。根据交易活动限制，分析的每年的合约划分如下：2008 年，使用 2008 年 12 月、2009 年和 2010 年到期的合约；对于 2009 年，使用 2009 年 12 月、2010 年 12 月和 2011 年 12 月的到期日；对于 2010 年，使用 2010 年 12 月、2011 年 12 月和 2012 年 12 月的到期日；对于 2011 年，使用 2011 年 12 月和 2012 年的到期日。

对于每个时期内的每个工具，我们计算如第 6.3 节所述的 15 min 收益，以及所有交易日的开盘至收盘收益。然后，我们将 15 min 收益方差乘以一个交易日中 15 min 时间段的数量来计算方差比。在符合随机游走过程的市场中，方差比值将接近 1。表

6.7 给出了每个时期交易合约方差比的分析结果，以及每个时期的价值加权方差比，所使用的权重是每个工具的总交易价值。正如我们的预期，与图 6.2 和表 6.1 结果一致，总体方差比值从 Phase Ⅱ -Year Ⅰ的 3.74 逐渐降到 Phase Ⅱ -Year Ⅲ的 1.39。在 Phase Ⅱ -Year Ⅳ的前 4 个月，这些数值略有上升，达到 1.42。因此，随着市场变得更具流动性，以及 EUAs 期货合约的交易速度加快且对其价格的影响最小，市场越接近统一的方差比。也就是说，它更符合随机游走过程。鉴于方差比率分析隐含地假设随机游走基准的偏离反映了交易过程中更高的噪声水平，则该结果可表明，2008—2011 年 EU-ETS 的噪声交易普遍减少，交易噪声水平的减少则意味着更高的市场质量。因此，我们证实了之前的结论，即定价 / 交易效率在样本期间内有所提高。表 6.7 中的另一个趋势是特定时期内交易量最小的合约具有最高的方差率的倾向。例如，在第一年，2010 年 12 月的合约是交易量最少的，其比率为 16.61，是 2008 年 12 月交易量最大的合约数值的七倍多。然而，这一比率差距在其后的几年不那么明显。例如，第三年的 2012 年 12 月比率仅为 2010 年 12 月合约的 2 倍左右。因此，我们的研究结果支持了这样一种预期，即如果市场具有流动性，与随机游走基准的偏离就不会那么严重。

6.4 本章小结

EU-ETS 是全球最大的排放交易试验。尽管现在世界上其他地方还有大约 17 个强制性计划，但鉴于 EU-ETS 推动了全球 90% 以上的碳交易，它的成功仍将为制定一个真正的全球市场驱动的气候变化政策提供强大的动力。然而，据我们所知，尚未有对 EU-ETS 的定价效率和流动性之间的同期关联的研究。我们的工作重点是研究市场效率和流动性之间的联系，研究成果将有助于理解这个市场，并为其有效性提供证据。从理论上讲，有效市场的收益可预测性应该是短暂的、不频繁的，一旦发生，套利者应该为订单吸收提供必要的资金。

在本章中，我们研究了在世界上最大的排放交易平台上交易 40 个月的日内订单流的收益可预测性。我们提供的证据表明，虽然平台上出现了收益可预测性，但自 2008 年第二阶段开始以来，收益可预测性已显著下降，并在整个样本期间持续下降。因此，随着 EU-ETS 的演变，每种工具的价格更接近随机游走基准。

我们的结果与之前的研究一致，这些研究分别对流动性和市场效率进行了研究。例如，Frino 等发现，在第一阶段和第二阶段的前几个月，长期流动性总体有所改善。在第 5 章中，我们看到由于第二阶段早期加强了监管，流动性有所改善，而 Benz 和

Hengelbrock 也报告了在第一阶段流动性的季度指标随着时间的推移有所改善。关于 EU-ETS 第二阶段的市场效率，我们的结果与 Daskalakis 及 Montagnoli 和 de Vries 以及第 3 章中的研究结果一致。事实上，大多数现有的关于碳金融工具的流动性或效率的研究的结果与我们的结论相似。然而，最近一项关于欧洲碳市场效率的研究似乎与一般观点不同，即 Charles 等的研究。他们认为第二阶段的欧洲碳市场可能效率低下，这与他们估算和定义市场效率的方法有关，他们的估算和定义都涉及估算 EU-ETS 中的现货和期货工具是否符合套利成本关系。

尽管上述提到的其他研究考察了 EU-ETS 不同交易阶段的市场流动性或效率，但没有一项研究将市场效率与市场流动性联系起来。此外，这些研究并没有像我们在本章中所做到的那样从日内交易层面加以阐释，我们的独特之处在于研究了 15 min 时间段内的定价和流动性动态。这种水平的分析对几个利益相关者来说很重要，特别是碳工具的投资者，他们在整个交易日中最活跃。这是因为日内价格通常对交易者情绪的影响最大，因此日内交易活动可以更好地反映市场动态。

基于我们的结果和市场效率损失导致套利机会的假设，我们可以得出结论，套利活动会导致更有效的定价，尤其是当市场流动性更高时。因此，我们提供了第一个证据，证明对于排放许可证交易平台，流动性提高了定价效率。当期货市场的效率下降时，对冲的成本增加，这一事实进一步强调了我们研究的重要性。因此，本章的研究结果不仅对学术界具有重要意义。世界各地的一些政策制定者和主要的利害相关者仍然对市场主导的方法在减少温室气体排放方面的有效性持怀疑态度。通过在 40 个月的时间窗口内测试 ECX 的定价效率，我们为检验这种怀疑提供了一个起点。政策制定者（包括负责环境、能源政策、财政政策、贸易政策和竞争力的部门）可以相信，市场流动性的改善可以提高碳市场的金融工具定价能力。这一共识对于未来全球气候变化立法的谈判至关重要。我们的研究还会对那些必须在 EU-ETS 平台上或通过 EU-ETS 平台进行交易以遵守欧盟气候变化法规的从业者有启发。例如，合规交易商可以得益于对碳市场动态的更深入理解。这种理解可用于制定碳投资战略和有效的碳风险管理。

虽然本章研究了 EU-ETS 中市场流动性和效率之间的长期演变关系，但我们基于日内订单不平衡、收益和流动性动态的方法意味着我们无法直接 / 充分测试 EU-ETS 中事件的效率影响。这是因为没有任何依据可以预期流动性是由订单不平衡共同决定的。因此，未来的研究可以考虑一种不同的分析方法测试关键政策和经济事件的效率影响。尽管有几篇论文进行了事件研究，考察了事件对碳价格的影响，但没有一篇论文直接研究这些事件对定价效率的影响。此外，我们的数据来源 ECX 是 EU-ETS 和世界上流动性最好的平台。因此，未来的研究也可以研究流动性较差平台上与流动性相关的收益可预测性。

---

1. 本章所述的研究基于 Ibikunle 等（2016）的研究。完整的参考信息请参阅参考书目。

2. 我们的方法明显不同于通常采用的衡量期货市场效率的现货 - 期货关系方法（Kellard et al.，1999）。

3. Kalaitzoglou 和 Maher Ibrahim（2013）还通过重点识别在碳市场中起作用的不同因素，研究了 EU-ETS 中的知情交易。

4. 如果我们采用 5 min 时间段设计指标，由于其他合约存在非交易因素影响，我们将被迫在所涉期间内每年只考察一份合约。因此，我们采用 15 min 的时间段。这样在任何情况下，我们仅使用每年最接近到期日的最高交易量合约进行鲁棒性分析。我们发现，以 5 min 为时间段的采样对我们的推论而言没有变化。

5. 根据交易活动限制，研究对每年的合约划分如下：对于 2008 年，使用 2008 年 12 月、2009 年 12 月和 2010 年 12 月到期的合约；对于 2009 年，使用 2009 年 12 月、2010 年 12 月和 2011 年 12 月的到期日；对于 2010 年，使用 2010 年 12 月、2011 年 12 月和 2012 年 12 月的到期日；对于 2011 年，使用 2011 年 12 月和 2012 年的到期日。

6. 为了鲁棒起见，我们还通过计算流动性和低流动性时期的绝对值［如 Chordia 等（2008）的第 259 页所述］，检验了我们的订单不平衡指标可能反映外生冲击的可能性。如第 5.3 节所述，结果表明，在流动性日和非流动性日之间的变化非常小；因此，结果不受外生冲击的影响。

7. 我们还使用每 15 min 最后一次买入和卖出交易价格的中间点，结果类似。

8. 我们还计算了每 15 min 时间段内交易的买入价和卖出价，结果非常相似，数值没有实质性变化。

9. 此外，我们在本章的所有其他章节中使用交易价差进行鲁棒性检验。在所有情况下，得出的结果与我们使用相对价差所得到的结果没有实质性差异。因此，本章中给出的结果对于流动性代理指标是鲁棒的。

10. 鉴于本章所考察的时期，全球金融危机影响的逐渐减弱可能影响了 EU-ETS 第二阶段的流动性和定价效率的提高。然而，这一考虑对本研究的主要焦点——收益可预测性和流动性之间的日内联系没有影响。这是因为没有依据可以预期流动性不足由签名订单不平衡共同决定（Chordia et al.，2008）。

11. 在第 5 章中，我们使用市场模型（Brown & Warner，1985），检验了日历对 EEX 碳平台的影响，没有发现显著影响。然而，在进一步的分析中，我们应用了几个虚拟回归来捕捉特定日期的影响。如第 5.3 节所述，虚拟系数和各自的 t- 统计量表明事件对我们的结果没有日内影响。

12. 我们还采用了 Chung 和 Hrazdil（2010a）使用的（-60，+60）窗口，在流动性和非流动性日上没有实质性差异。为了鲁棒性，我们使用 Huang 和 Stoll（1997）的价差分解模型，对每年随机选择的一个月中的天数的有效半价差进行经济计量估计。观察到的流动性日 / 非流动性日的分布与我们上面使用的分布没有本质上的区别。

13. 在第四年，7 个非流动性的价差低于流动性日。这突出了我们对非流动性日的定义的局限性，我们通过使用另一个窗口来控制，看到非流动性日的分布有非常小的定性差异。假设由于交易活动的增加，我们有一段低价差时期，导致 4 月（此时履约交易商必须上缴排放许可证），并假设我们的大部分非流动性日都在这段时间左右。那么我们很可能会获得“非流动性”日，其平均价差低于大量流动性日的平均值。这是有道理的，因为我们对非流动性的定义是相对于每个非流动性日在一年中的给定天数而言的。此外，这些值的差异非常小，即使在 10% 的水平上，它们彼此之间也没有统计学上的差异。第三年的平均值也是如此。

14. 第一年、第二年、第三年和第四年的非流动性日与流动性日的相对价差中位数百分比分别为 119%、125%、101% 和 90%。这些数值（第四年除外，我们只有该年 1/3 的数据）与低流动性日的平均价差将高于流动性日的预期一致。

15. 我们还进行了鲁棒性测试，包括事件后特定日的虚拟变量，如提交年度排放报告、国家分配计划（NAP）和年度排放结果公告。我们包括在英国特定假期前几天的虚拟变量。结果系数表明，这些事件对我们的日内调查并不重要；我们之前的结果也没有实质性的改变。

16. 本节中 VAR 分析的结构与前面的分析不同，我们的目的是捕捉收益的可预测性，这只能在日内基础上进行充分的研究。在将 15 min 时间段的数据汇总为每日衡量指标后，使用每日频率数据进行 VAR 分析，除降低建立统计关系的可能性外，对结果没有影响。这是因为使用我们的流动性和订单不平衡指标的每日总量所提供的自由度的减少，将使建立统计关系变得更加困难。因此，我们获得的结果只是为了强调这样一个事实，即流动性代理指标的过去值确实有助于解释定价的变化。

第7章
未　来

Chapter 7

7.1　规则设计

本书的研究提出了关于政策、EU-ETS 监管和政策制定的 3 个关键问题。在第 5 章中，我们证明了欧盟委员会于 2008 年 10 月 8 日通过的新法规［欧盟委员会（EC）第 994/2008 号法规］如何与长达 3 个月的市场流动性持续损失相关联。这个例许表明，新的监管规定可能会让 EU-ETS 这样相对新兴的市场丧失信心。因此，应谨慎制定新的条例以避免已经取得的成功出现逆转。对已有规则的修订是在《京都议定书》承诺阶段开始后仅 10 个月推出的，这一事实表明，欧盟委员会对新规则的准备是不充分的。法规的准备不足可能会导致市场出现可被参与者利用的漏洞。这种情况加剧了市场的不确定性，可能会导致市场质量的下降。可以预料的是，参与者将通过拒绝交易来保护自己，而流动性提供者则会通过提高价差来保护自己，免受知情交易的影响。

本书提供的证据表明，正如其他市场一样，EU-ETS 不会对不确定性做出积极反应。尽管 EU-ETS 正在迅速成熟，但它仍是一个处于初级阶段的市场。政策制定者必须认识到这一点，并对在某一交易阶段期间考虑出台的新法规。在将新法规引入市场之前，需要对其可能造成的影响进行建模分析。这将有助于检验法规，以防造成不必要的影响。理想情况下，设计交易阶段时就应包含所有必要的法规。第 7.2 节讨论了迄今为止 EU-ETS 中影响最深远的中期监管干预。

7.2　处理第三阶段的超额排放配额：折量拍卖和市场稳定储备机制

欧盟委员会希望 EU-ETS 在 2008—2020 年间在经济照常发展的情况下，能够实现约 28 亿 t 的减排量。但是欧洲主权债务危机引发的经济衰退带来了意想不到的影响，即使没有 EU-ETS，欧盟的排放量预计在同一时期就可减少多达 35 亿 t。2008 年，EU-ETS 交易额为 1 014.9 亿美元（745.6 亿欧元），较前一年增长 87%，交易的 EUAs 现货、期货和期权合约超过 30 亿份。然而，欧洲经济衰退随后导致汽车和房地产开发项目等主要商品的需求大幅减少。这反过来又对生产此类消费者驱动的产品的原材料的需求产生不利影响，导致对水泥和钢铁等建筑和制造材料的需求大幅下降。因此，一般消费者对非必需品的总体需求下降，这不可避免地导致工业端和消费端能源消耗下降。由于购买排放配额的需求是由能源消耗驱动的，因此对 EUAs 的需求也大幅下降。在 8 个月的时间内，EUAs 的现货价格从 2008 年 7 月的 28.73 欧元跌至 2009 年 2 月 12 日的 7.96 欧元，跌幅达 75%。

EUAs 价格的下跌说明 EU-ETS 平台是碳排放配额的有效定价机制。这是因为在过去 10 年里，欧盟的大部分实际减排主要由于衰退效应和配额供应过剩。因此，EUAs 价格的下跌反映了市场上配额的过剩。2013 年 7 月，EUAs 价格进一步下跌，交易价格仅为 4.37 欧元，比 2006 年的 30 欧元下跌了 85% 以上。此外，2013 年是自 EU-ETS 开始交易以来，排放配额交易价值首次下跌。具体而言，截至 2012 年年底，EU-ETS 的碳交易价值下降了约 35%，降至 620 亿欧元。然而，碳金融工具交易量增长了 28%，说明了该计划的弹性。总体而言，很明显，排放配额价格的下降是由于欧洲工业生产活动的显著下降，这刺激了市场上过剩配额的倾销。因此，如果有效解决过剩问题，相对稀缺性将得到恢复，价格将再次开始上升。需要更高的价格来推动企业层面对低碳技术和工艺的投资。2017 年的价格继续徘徊在 7.00 欧元左右，尽管欧盟委员会推出了一系列政策举措来阻止欧洲碳市场价格下跌，但企业继续推迟对低碳计划的投资。欧盟迄今已制定了两项主要政策举措，以解决体系中配额过剩的问题；这两项举措是：

（1）第三阶段的折量拍卖；

（2）2019 年计划部署的市场稳定储备机制（MSR）。

这两项措施分别对应该问题的短期和长期解决方案。

回购是一项短期措施，主要涉及将第三阶段计划拍卖的 9 亿排放配额推迟到 2019—2020 年。因此，回购不会改变第二阶段拍卖的配额数量（配额数量已在欧盟委员会之前的关于 EU-ETS 的指导意见中设定），它只是在整个阶段重新分配拍卖额度。具体而言，在 2014 年、2015 年和 2016 年拍卖额度分别减少了 4 亿、3 亿和 2 亿额度。欧盟委员会的影响评估表明，回购可以重新平衡排放配额的供需，从而使价格波动在短期内减弱，而不会对市场竞争力产生过度影响。根据上述情况，欧盟委员会通过修订 EU-ETS 中排放配额拍卖的监管政策，实施了回购计划。欧盟委员会始终承认，回购措施是一种短期解决方案，需要引入一种更持久的措施。但是，即使作为一种短期解决方案，回购也是有缺陷的，因为价格始终处于低位且波动不定。价格持续在 4～7 欧元间波动，2016 年除了一个星期外，其余时间都在 7 欧元以下。2017 年的收盘价一直低于这一水平，直到 9 月 8 日突破上限，收于 7.07 欧元。

欧盟委员会的“长期解决方案”可能也不会取得太大成功，这就是所谓的市场稳定储备（MSR），计划于 2019 年生效。2014—2016 年从拍卖中退出的额外 9 亿配额将转为储备，成为 MSR 基础的一部分。根据 MSR 规定，拍卖的配额数量根据排放配额盈余的多少进行调整。具体而言，一旦盈余配额在任何一年达到 8.33 亿，相当于累计盈余 12% 的津贴将退出拍卖并留做储备。在盈余降至 4 亿配额以下之前，这些配额不会返回拍卖市场。此时，配额以每批 1 亿的数量返还。因此，MSR 控制了 EU-ETS 的阶段性总量上限。基于这一设计，欧盟委员会预计，MSR 将控制当前过剩的排放配额，并通过调整拍卖配额的供应，提高 EU-ETS 在外部冲击下的韧性。然而，Kollenberg 和 Taschini 指出，总量控制的 MSR 只对规避风险的公司具有重要意义，不会影响风险中立型企业的预期均衡配额价格或平均价格波动率。因此，直到结构变化足以维持“正确”的碳价格，EU-ETS 不太可能实现其推动低碳创新的主要目标。欧洲大陆和国际社会是否会允许这种根本性的变化，还有待观察。

Ibikunle 和 Okereke 主张采用一种更具结构性和响应性的方法来监管 EU-ETS。应该与一个反应迅速、非政治化的机构一起设计长期目标（如分阶段的排放上限），这样才能让制定的短期政策维护市场完整性。具体而言，应该建立一个财政监管机构，赋予其类似于传统市场监管机构或中央银行的权力，它的唯一目的就是维持能够推动低碳投资增长的价格水平。这个“监管机构”采用的工具将类似欧洲央行（European Central Banl）或英国央行（Bank of Enland）等机构使用的工具。例如，监管机构可以决定回购一定数量的可拍卖排放许可证，以支撑价格，或者选择拍卖额外的许可证以应对人为上涨的价格。因此，在这种情况下，监管机构的策略是瞄准某一价格区间，就如央行通常会采用的通胀目标一样。

7.3 EU-ETS 的金融监管

在第 2 章中，我们提到要注意碳市场的监管问题，以及监管机构的权责不清可能会导致监管混乱，甚至引入具有负作用的监管。对 EUAs 的监管属于欧盟委员会和各成员国的职权范围，EUAs 是国家登记册上的记录。在 EU-ETS 以及大多数商品市场，衍生品交易超过了现货交易。因此，有趣的是，以 EUAs、EUAAs 和 CERs 为基础的碳排放许可衍生品的监管属于不同机构的职权范围，具体取决于平台所在的国家。例如，在英国，金融行为监管局（Financial Conduct Authority）监管全球最大平台 ECX 上交易的碳金融工具。当前的监管模式会造成一定的模糊性，可能会影响市场的运作，需要对市场的金融监管进行重新排序。如果一个独立的欧盟范围内的机构能够被赋予监管 EU-ETS 的唯一权力，而无须求助地方金融机构，这似乎符合市场质量的利益。

处于初期阶段的市场需要明确的信号来表明监管机构的意图，而当这些信号来自无数个不同的或不确定级别的监管来源时，可能会导致不确定性大增，并最终导致市场信心和市场质量受损。

EU-ETS 第一阶段第一组排放核查结果的发布证明了统一监管框架的重要性。在欧盟委员会发布公告之前，国家层面的核查数据被泄露，这导致市场上的信息不对称。信息不对称损害了市场信心，并迫使市场参与者采取可能破坏 EU-ETS 目标的交易策略，而 EU-ETS 的最终目标是在欧盟建立一个排放约束型经济体。

鉴于这些问题，政策制定者可以设计一个统一的框架来监督 EU-ETS 的运作和监管。这一结构应采取类似欧洲中央银行的管理实体的形式。该实体应被授予法律权力，以确保维持市场质量，其成员应严格根据能力任命，不受政治上的考量。建立一个监督市场法规遵守情况的单一机构将是一个良好的起点。随着市场的复杂性的增加，欧盟层面的监管框架需要更加专业化。这很可能会需要设立更多职能更明确的机构。处于起步阶段的市场将受益于统一的监管结构。尽管近年来取得了一些成功，但全球应对气候变化行动的前景仍然充满不确定性，它也将因 EU-ETS 更为稳定的监管而受益。

参考文献

[1] Acharya V V, Pedersen L H. Asset Pricing with Liquidity Risk[J]. Journal of Financial Economics, 2005(77): 375–410.

[2] Admati A, Pfleiderer P. A Theory of Intraday Patterns: Volume and Price Variability[J]. The Review of Financial Studies, 1988(1): 3–40.

[3] Aitken M, Frino A. The Accuracy of the Tick Test: Evidence from the Australian Stock Exchange[J]. Journal of Banking & Finance, 1996(20): 1715–1729.

[4] Aitken M, Frino A. Execution Costs Associated with Institutional Trades on the Australian Stock Exchange[J]. Pacific–Basin Finance Journal, 1996b(4): 45–58.

[5] Alberola E, Chevallier J, Chèze B. Price Drivers and Structural Breaks in European Carbon Prices 2005–2007[J]. Energy Policy, 2008(36): 787–797.

[6] Albrecht J, Verbeke T, Clerq M. Informational Efficiency of the US SO_2 Permit Market[J]. Environmental Modelling & Software, 2004(21): 1471–1478.

[7] Almeida A, Goodhart C, Payne R. The Effects of Macroeconomic News on High Frequency Exchange Rate Behavior[J]. The Journal of Financial and Quantitative Analysis, 1998(33): 383–408.

[8] Alzahrani A A, Gregoriou A, Hudson R. Price Impact of Block Trades in the Saudi Stock Market[J]. Journal of International Financial Markets, Institutions and Money, 2013(23): 322–341.

[9] Amihud Y. Illiquidity and Stock Returns: Cross–Section and Time–Series Effects[J]. Journal of Financial Markets, 2002(5): 31–56.

[10] Amihud Y, Mendelson H. Asset Pricing and the Bid–Ask Spread[J]. Journal of Financial Economics, 1986(17): 223–249.

[11] Amihud Y, Mendelson H. Lauterbach B. Market Microstructure and Securities Values: Evidence from the Tel Aviv Stock Exchange[J]. Journal of Financial Economics, 1997(45): 365–390.

[12] Andersen T G, Bollerslev T, Diebold F X, et al. Micro Effects of Macro Announcements: Real–Time Price Discovery in Foreign Exchange[J]. The American Economic Review, 2003(93): 38–62.

[13] Baker K. Trading Location and Liquidity: An Analysis of U.S. Dealer and Agency Markets for Common Stocks[J]. Financial Markets, Institutions, and Instruments, 1996(5): 1–51.

[14] Ball R, Finn F J. The Effect of Block Transactions on Share Prices: Australian Evidence[J]. Journal of Banking & Finance, 1989(13): 397–419.

[15] Barclay M J, Christie W G, Harris J H, et al. Effects of Market Reform on the Trading Costs and Depths of Nasdaq Stocks[J]. The Journal of Finance, 1999(54): 1–34.

[16] Barclay M J, Hendershott T. Price Discovery and Trading after Hours[J]. The Review of Financial Studies, 2003(16): 1041–1073.

[17] Barclay M J, Hendershott T. Liquidity Externalities and Adverse Selection: Evidence from Trading after Hours[J]. The Journal of Finance, 2004(59): 681–710.

[18] Barclay M J, Litzenberger R H, Warner J B. Private Information, Trading Volume, and Stock-Return Variances[J]. The Review of Financial Studies, 1990(3): 233–253.

[19] Barclay M J, Warner J B. Stealth Trading and Volatility: Which Trades Move Prices?[J] Journal of Financial Economics, 1993(34): 281–305.

[20] Beneish M D, Gardner J C. Information Costs and Liquidity Effects from Changes in the Dow Jones Industrial Average List[J]. The Journal of Financial and Quantitative Analysis, 1995(30): 135–157.

[21] Benz E, Hengelbrock J. Price Discovery and Liquidity in the European CO_2 Futures Market: An Intraday Analysis[M]. Paper Presented at the Carbon Markets Workshop, 2009.

[22] Bernstein P L. Liquidity, Stock Markets and Market Makers[J]. Financial Management, 1987(16): 54–62.

[23] Bessembinder H, Seguin P J. Futures-Trading Activity and Stock Price Volatility[J]. The Journal of Finance, 1992(47): 2015–2034.

[24] Biais B, Hillion P, Spatt C. Price Discovery and Learning during the Preopening Period in the Paris Bourse[J]. The Journal of Political Economy, 1999(107): 1218–1248.

[25] Blume M E, Mackinlay A C,. Terker B. Order Imbalances and Stock Price Movements on October 19 and 20, 1987[J]. The Journal of Finance, 1989(44): 827–848.

[26] Boemare C, Quirion P. Implementing Greenhouse Gas Trading in Europe: Lessons

from Economic Literature and International Experiences[J]. Ecological Economics, 2002(43): 213–230.

[27] Böhringer C, Lange A. On the Design of Optimal Grandfathering Schemes for Emission Allowances[J]. European Economic Review, 2005(49): 2041–2055.

[28] Branch B, Freed W. Bid–Ask Spreads on the Amex and the Big Board[J]. The Journal of Finance, 1997(32): 159–163.

[29] Bredin D, Hyde S, Muckley C. A Microstructure Analysis of the Carbon Finance Market[M]. Dublin: University College Dublin Working Paper, 2011.

[30] Bredin D, Muckley C. An Emerging Equilibrium in the EU Emissions Trading Scheme[J]. Energy Economics, 2011(33): 353–362.

[31] Brennan M J, Jegadeesh N, Swaminathan B. Investment Analysis and the Adjustment of Stock Prices to Common Information[J]. The Review of Financial Studies, 1993(6): 799–824.

[32] Brennan M J, Subrahmanyam A. Market Microstructure and Asset Pricing: On the Compensation for Illiquidity in Stock Returns[J]. Journal of Financial Economics, 1996(41): 441–464.

[33] Brennan M J, Subrahmanyam A. The Determinants of Average Trade Size[J]. The Journal of Business, 1998(71): 1–25.

[34] Brock W A, Kleidon A W. Periodic Market Closure and Trading Volume: A Model of Intraday Bids and Asks[J]. Journal of Economic Dynamics and Control, 1992(16): 451–489.

[35] Brown S J, Warner J B. Using Daily Stock Returns: The Case of Event Studies[J]. Journal of Financial Economics, 1985(14): 3–31.

[36] Burtraw D, Goeree J, Holt C, et al. Price Discovery in Emissions Permit Auctions. In R. M. Isaac & D. A. Norton (Eds.), Research in Experimental Economics[M]. Bingley, UK: Emerald Group Publishing, 2011.

[37] Butzengeiger S, Betz R, Bode S. Making GHG Emissions Trading Work–Crucial Issues in Designing National and International Emission Trading Systems[M]. Hamburg Institute of International Economics Discussion, Hamburg, 2001.

[38] Campbell J Y, Lo A W, Mackinlay A C. The Econometrics of Financial Markets[M]. Princeton, NJ: Princeton University Press, 1997.

[39] Cao C, Field L C, Hanka G. Does Insider Trading Impair Market Liquidity? Evidence from IPO Lockup Expirations[J]. The Journal of Financial and Quantitative Analysis, 2004(39): 25–46.

[40] Cao C, Ghysels E, Hatheway F. Price Discovery without Trading: Evidence from the Nasdaq Preopening[J]. The Journal of Finance, 2000(55): 1339–1365.

[41] Capoor K, Ambrosi P. State and Trends of the Carbon Markets, 2009[M]. Washington, DC: The World Bank Report, 2009.

[42] Carr M. RWE Shifts Some Carbon Trade to EEX, Curbing ECX[M]. London: Bloomberg Magazine Article, 2010.

[43] Cason T N, Gangadharan L. Transactions Costs in Tradable Permit Markets: An Experimental Study of Pollution Market Designs[J]. Journal of Regulatory Economics, 2003(23): 145–165.

[44] Cason T N, Gangadharan L. Price Discovery and Intermediation in Linked Emissions Trading Markets: A Laboratory Study[J]. Ecological Economics, 2011(70): 1424–1433.

[45] Chakravarty S. Stealth-Trading: Which Traders' Trades Move Stock Prices?[J]. Journal of Financial Economics, 2001(61): 289–307.

[46] Chan K, Chung Y P, Johnson H. The Intraday Behavior of Bid- Ask Spreads for NYSE Stocks and CBOE Options[J]. The Journal of Financial and Quantitative Analysis, 1995(30): 329–346.

[47] Chan K C, Christie W G, Schultz P H. Market Structure and the Intraday Pattern of Bid-Ask Spreads for NASDAQ Securities[J]. The Journal of Business, 1995(68): 35–60.

[48] Chan L K C, Lakonishok J. Institutional Trades and Intraday Stock Price Behavior[J]. Journal of Financial Economics, 1993(33): 173–199.

[49] Chan L K C, Lakonishok J. The Behavior of Stock Prices Around Institutional Trades[J]. The Journal of Finance, 1995(50): 1147–1174.

[50] Chang Y Y, Faff R, Hwang CY. Liquidity and Stock Returns in Japan: New Evidence[J]. Pacific-Basin Finance Journal, 2010(18): 90–115.

[51] Charles A, Darné O, Fouilloux J. Market Efficiency in the European Carbon Markets[J]. Energy Policy, 2013(60): 785–792.

[52] Chiyachantana C N, Jain P K, Jiang C, et al. International Evidence on Institutional Trading Behavior and Price Impact[J]. The Journal of Finance, 2004(59): 869-898.

[53] Choi J Y, Salandro D, Shastri K. On the Estimation of Bid-Ask Spreads: Theory and Evidence[J]. The Journal of Financial and Quantitative Analysis, 1988(23): 219-230.

[54] Chordia T, Roll R, Subrahmanyam A. Market Liquidity and Trading Activity[J]. The Journal of Finance, 2001(56): 501-530.

[55] Chordia T, Roll R, Subrahmanyam A. Order Imbalance, Liquidity, and Market Returns[J]. Journal of Financial Economics, 2002(65): 111-130.

[56] Chordia T, Roll R, Subrahmanyam A. Evidence on the Speed of Convergence to Market Efficiency[J]. Journal of Financial Economics, 2005(76): 271-292.

[57] Chordia T, Roll R, Subrahmanyam A. Liquidity and Market Efficiency[J]. Journal of Financial Economics, 2008(87): 249-268.

[58] Chordia T, Subrahmanyam A. Order Imbalance and Individual Stock Returns: Theory and Evidence[J]. Journal of Financial Economics, 2004(72): 485-518.

[59] Chou R K, Wang G H K, Wang YY, et al. The Impacts of Large Trades by Trader Types on Intraday Futures Prices: Evidence from the Taiwan Futures Exchange[J]. Pacific-Basin Finance Journal, 2011(19): 41-70.

[60] Christiansen A C, Arvanitakis A. Price Determinants in the EU Emissions Trading Scheme[J]. Climate Policy, 2005(5): 15-30.

[61] Chung D Y, Hrazdil K. Liquidity and Market Efficiency: A Large Sample Study[J]. Journal of Banking & Finance, 2010(34): 2346-2357.

[62] Chung D Y, Hrazdil K. Liquidity and Market Efficiency: Analysis of NASDAQ Firms[J]. Global Finance Journal, 2010b(21): 262-274.

[63] Ciccotello C S, Hatheway F M. Indicating Ahead: Best Execution and the NASDAQ Preopening[J]. Journal of Financial Intermediation, 2000(9): 184-212.

[64] Clarke J, Shastri K. On Information Asymmetry Metrics[J]. SSRN eLibrary, Working Paper 251938, 2000.

[65] Conrad C, Rittler D, Rotfuß W. Modeling and Explaining the Dynamics of European Union Allowance Prices at High-Frequency[J]. Energy Economics, 2012(34): 316-326.

[66] Conrad J S, Johnson K M, Wahal S. Institutional Trading and Soft Dollars[J]. The Journal of Finance, 2001(56): 397–416.

[67] Convery F J. Reflections—The Emerging Literature on Emissions Trading in Europe[J]. Review of Environmental Economics and Policy, 2009(3): 121–137.

[68] Copeland T E, Galai D. Information Effects on the Bid-Ask Spread[J]. The Journal of Finance, 1983(38): 1457–1469.

[69] Cox D R, Peterson D R. Stock Returns Following Large One-Day Declines: Evidence on Short-Term Reversals and Longer-Term Performance[J]. The Journal of Finance, 1994(49): 255–267.

[70] Cushing D, Madhavan A. Stock Returns and Trading at the Close[J]. Journal of Financial Markets, 2000(3): 45–67.

[71] Daníelsson J, Payne R. Liquidity Determination in an Order Driven Market[M]. London: London School of Economics Working Paper, 2010.

[72] Daskalakis G. On the Efficiency of the European Carbon Market: New Evidence from Phase II[J]. Energy Policy, 2013(54): 369–375.

[73] Daskalakis G, Ibikunle G, Diaz-Rainey I. The CO_2 Trading Market in Europe: A Financial Perspective. In A. Dorsman, W. Westerman, M. B. Karan, & Ö. Arslan (Eds.) Berlin: Financial Aspects in Energy: A European Perspective[M]. Heidelberg: Springer, 2011.

[74] Daskalakis G, Markellos R N. Are the European Carbon Markets Efficient?[J] Review of Futures Markets, 2008(17): 103–128.

[75] Daskalakis G, Psychoyios D, Markellos R N. Modeling CO_2 Emission Allowance Prices and Derivatives: Evidence from the European Trading Scheme[J]. Journal of Banking & Finance, 2009(33): 1230–1241.

[76] Datar V T, Naik N Y, Radcliffe R. Liquidity and Stock Returns: An Alternative Test[J]. Journal of Financial Markets, 1998(1): 203–219.

[77] Davies R J. The Toronto Stock Exchange Preopening Session[J]. Journal of Financial Markets, 2003(6) 491–516.

[78] Denis D K, McConnell J J, Ovtchinnikov A V, et al. S&P 500 Index Additions and Earnings Expectations[J]. The Journal of Finance, 2003(58): 1821–1840.

[79] Dennis P, Strickland D. The Effect of Stock Splits on Liquidity and Excess Returns:

Evidence from Shareholder Ownership Composition[J]. Journal of Financial Research, 2003(26): 355–370.

[80] Diaz-Rainey I, Siems M, Ashton J. The Financial Regulation of Energy and Environmental Markets[J]. Journal of Financial Regulation and Compliance, 2011(19): 355–369.

[81] Dickey D A, Fuller W A. Distribution of the Estimators for Autoregressive Time Series with a Unit Root[J]. Journal of the American Statistical Association, 1979(74): 427–431.

[82] Dodwell C. EU Emissions Trading Scheme: The Government Perspective[C]. London: Paper Presented at the Business & Investors' Climate Change Conference, 2005.

[83] Domowitz I. Liquidity, Transaction Costs, and Reintermediation in Electronic Markets[J]. Journal of Financial Services Research, 2002(22): 141–157.

[84] Domowitz I, Glen J, Madhavan A. Liquidity, Volatility and Equity Trading Costs across Countries and over Time[J]. International Finance, 2001(4): 221–255.

[85] Easley D, Hvidkjaer S, O'Hara M. Is Information Risk a Determinant of Asset Returns?[J] The Journal of Finance, 2002(57): 2185–2221.

[86] Easley D, Kiefer N M, O'Hara M. Cream-Skimming or Profit- Sharing? The Curious Role of Purchased Order Flow[J]. The Journal of Finance, 1996(51): 811–833.

[87] Easley D, Kiefer N M, O'Hara M. One Day in the Life of a Very Common Stock[J]. The Review of Financial Studies, 1997(10): 805–835.

[88] Easley D, O'Hara M. Price, Trade Size, and Information in Securities Markets[J]. Journal of Financial Economics, 1987(19): 69–90.

[89] Easley D, O'Hara M. Time and the Process of Security Price Adjustment[J]. The Journal of Finance, 1992(47): 577–605.

[90] Engle R F, Granger C W J. Co-integration and Error Correction: Representation, Estimation, and Testing[J]. Econometrica, 1987(55): 251–276.

[91] Epps T W. Comovements in Stock Prices in the Very Short Run[J]. Journal of the American Statistical Association, 1979(74): 291–298.

[92] Fama E F. Efficient Capital Markets: A Review of Theory and Empirical Work[J]. The Journal of Finance, 1970(25): 383–417.

[93] Fama E F, MacBeth J D. Risk, Return, and Equilibrium: Empirical Tests[J]. The Journal of Political Economy, 1973(81): 607–636.

[94] Fezzi C, Bunn D. Structural Interactions of European Carbon Trading and Energy Prices[J]. The Journal of Energy Markets, 2009(2): 53-69.

[95] Flood M D, Huisman R, Koedijk K G, et al. Quote Disclosure and Price Discovery in Multiple-Dealer Financial Markets[J]. The Review of Financial Studies, 1999(12): 37-59.

[96] Florackis C, Gregoriou A, Kostakis A. Trading Frequency and Asset Pricing on the London Stock Exchange: Evidence from a New Price Impact Ratio[J]. Journal of Banking and. Finance, 2011(35): 3335-3350.

[97] Foster F D, Viswanathan S. A Theory of the Interday Variations in Volume, Variance, and Trading Costs in Securities Markets[J]. The Review of Financial Studies, 1990(3): 593-624.

[98] Foster F D, Viswanathan S. Variations in Trading Volume, Return Volatility, and Trading Costs: Evidence on Recent Price Formation Models[J]. The Journal of Finance, 1993(48): 187-211.

[99] French K R, Roll R. Stock Return Variances: The Arrival of Information and the Reaction of Traders[J]. Journal of Financial Economics, 1986(17): 5-26.

[100] Frino A, Jarnecic E, Lepone A. The Determinants of the Price Impact of Block Trades: Further Evidence[J]. Abacus, 2007(43): 94-106.

[101] Frino A, Kruk J, Lepone A. Liquidity and Transaction Costs in the European Carbon Futures Market[J]. Journal of Derivatives and Hedge Funds, 2010(16): 100-115.

[102] Fujimoto A. Macroeconomic Sources of Systematic Liquidity[M]. Alberta: University of Alberta Working Paper, 2004.

[103] Fung HG, Patterson G A. The Dynamic Relationship of Volatility, Volume, and Market Depth in Currency Futures Markets[J]. Journal of International Financial Markets, Institutions and Money, 1999(9): 33-59.

[104] Gangadharan L. Transaction Costs in Pollution Markets: An Empirical Study[J]. Land Economics, 2000(76): 601-614.

[105] Garbade K D, Silber W L. Structural Organization of Secondary Markets: Clearing Frequency, Dealer Activity and Liquidity Risk[J]. The Journal of Finance, 1979(34): 577-593.

[106] Gemmill G. Transparency and Liquidity: A Study of Block Trades on the London

Stock Exchange under Different Publication Rules[J]. The Journal of Finance, 1996(51): 1765–1790.

[107] George T, Kaul G, Nimalendran M. Estimation of the Bid – Ask Spread and Its Components: A New Approach[J]. The Review of Financial Studies, 1991(4): 623–656.

[108] Glosten L R. Components of the Bid-Ask Spread and the Statistical Properties of Transaction Prices[J]. The Journal of Finance, 1987(42): 1293–1307.

[109] Glosten L R, Harris L E. Estimating the Components of the Bid/ Ask Spread[J]. Journal of Financial Economics, 1988(21): 123–142.

[110] Glosten L R, Milgrom P R. Bid, Ask and Transaction Prices in a Specialist Market with Heterogeneously Informed Traders[J]. Journal of Financial Economics, 1985(14): 71–100.

[111] Gonzalo J, Granger C W J. Estimation of Common Long-Memory Components in Cointegrated Systems[J]. Journal of Business and Economic Statistics, 1995(13): 27–35.

[112] Goodhart C A E, Hall S G, Henry S G B, et al. News Effects in a High-Frequency Model of the Sterling-Dollar Exchange Rate[J]. Journal of Applied Econometrics, 1993(8): 1–13.

[113] Goyenko R Y, Holden C W, Trzcinka C A. Do Liquidity Measures Measure Liquidity?[J] Journal of Financial Economics, 2009(92): 153–181.

[114] Granger C W J. Investigating Causal Relations by Econometric Models and Cross-Spectral Methods[J]. Econometrica, 1969(37): 424–438.

[115] Greene J T, Watts S G. Price Discovery on the NYSE and the NASDAQ: The Case of Overnight and Daytime News Releases[J]. Financial Management, 1996(25): 19–42.

[116] Gregoriou A. The Asymmetry of the Price Impact of Block Trades and the Bid-Ask Spread[J]. Journal of Economic Studies, 2008(35): 191–199.

[117] Gregoriou A, Ioannidis C. Information Costs and Liquidity Effects from Changes in the FTSE 100 List[J]. European Journal of Finance, 2006(12): 347–360.

[118] Grossman S J, Miller M H. Liquidity and Market Structure[J]. The Journal of Finance, 1988(43): 617–633.

[119] Grossman S J, Stiglitz J E. On the Impossibility of Informationally Efficient Markets[J]. The American Economic Review, 1980(70): 393–408.

[120] Grubb M, Neuhoff K. Allocation and Competitiveness in the EU Emissions Trading Scheme: Policy Overview[J]. Climate Policy, 2006(6): 7–30.

[121] Grüll G, Taschini L. Cap-and-trade Properties under Different Hybrid Scheme Designs[J]. Journal of Environmental Economics and Management, 2011(61): 107–118.

[122] Gwilym O, Buckle M, Thomas S. The Intraday Behaviour of Bid- Ask Spreads, Returns and Volatility for FTSE 100 Stock Index Options[J]. Journal of Derivatives, 1997(4): 20–32.

[123] Hallin M, Mathias C, Pirotte H, et al. Market Liquidity as Dynamic Factors[J]. Journal of Econometrics, 2011(163): 42–50.

[124] Hanemann M. The Role of Emission Trading in Domestic Climate Policy[J]. The Energy Journal, 2009(30): 79–114.

[125] Hansen L P. Large Sample Properties of Generalized Method of Moments Estimators[J]. Econometrica, 1982(50): 1029–1054.

[126] Harris L. Statistical Properties of the Roll Serial Covariance Bid/Ask Spread Estimator[J]. The Journal of Finance, 1990(45): 579–590.

[127] Hasbrouck J. Measuring the Information Content of Stock Trades[J]. The Journal of Finance, 1991(46): 179–207.

[128] Hasbrouck J. The Summary Informativeness of Stock Trades: An Econometric Analysis[J]. The Review of Financial Studies, 1991(4): 571–595.

[129] Hasbrouck J. One Security, Many Markets: Determining the Contributions to Price Discovery[J]. The Journal of Finance, 1995(50): 1175–1199.

[130] Hasbrouck J, Schwartz R A. Liquidity and Execution Costs in Equity Markets[J]. Journal of Portfolio Management, 1988(14): 10–16.

[131] Hawksworth J, Swinney P. Carbon Taxes vs Carbon Trading[M]. London: Price Waterhouse Coopers Report, 2009.

[132] He Y, Lin H, Wang J, et al. Price Discovery in the Round-the-Clock U.S. Treasury Market[J]. Journal of Financial Intermediation, 2009(18): 464–490.

[133] Hedge S P, McDermott J B. The Liquidity Effects of Revisions to the S & P 500

Index: An Empirical Analysis[J]. Journal of Financial Markets, 2003(6): 413–459.

[134] Heflin F, Shaw K W. Blockholder Ownership and Market Liquidity[J]. The Journal of Financial and Quantitative Analysis, 2000(35): 621–633.

[135] Hendershott T, Jones C M, Menkveld A J. Does Algorithmic Trading Improve Liquidity?[J]. The Journal of Finance, 2011(66): 1–33.

[136] Hill J, Jennings T, Vanezi E. The Emissions Trading Market: Risks and Challenges[M]. Financial Services Authority Discussion Paper, 2008.

[137] Hillmer S C, Yu P L. The Market Speed of Adjustment to New Information[J]. Journal of Financial Economics, 1979(7): 321–345.

[138] Hintermann B. Allowance Price Drivers in the First Phase of the EU ETS[J]. Journal of Environmental Economics and Management, 2010(59): 43–56.

[139] Ho T, Stoll H R. Optimal Dealer Pricing under Transactions and Return Uncertainty[J]. Journal of Financial Economics, 1981(9): 47–73.

[140] Ho T S Y, Stoll H R. The Dynamics of Dealer Markets under Competition[J]. The Journal of Finance, 1983(38): 1053–1074.

[141] Hobbs B F, Bushnell J, Wolak F A. Upstream vs. Downstream CO_2 Trading: A Comparison for the Electricity Context[J]. Energy Policy, 2010(38): 3632–3643.

[142] Holthausen R W, Leftwich R W, Mayers D. The Effect of Large Block Transactions on Security Prices: A Cross-Sectional Analysis[J]. Journal of Financial Economics, 1987(19): 237–267.

[143] Holthausen R W, Leftwich R W, Mayers D. Large-Block Transactions, the Speed of Response, and Temporary and Permanent Stock- Price Effects[J]. Journal of Financial Economics, 1990(26): 71–95.

[144] Hu S. Trading Turnover and Expected Stock Returns: The Trading Frequency Hypothesis and Evidence from the Tokyo Stock Exchange[M]. Taipei: National Taiwan University Working Paper, 1997.

[145] Huang R D, Stoll H R. Market Microstructure and Stock Return Predictions[J]. The Review of Financial Studies, 1994(7): 179–213.

[146] Huang R D, Stoll H R. The Components of the Bid-Ask Spread: A General Approach[J]. The Review of Financial Studies, 1997(10): 995–1034.

[147] Ibikunle G, Gregoriou A, Hoepner A G F, et al. Liquidity and Market Efficiency in

the World's Largest Carbon Market[J]. The British Accounting Review, 2016(48): 431–447.

[148] Ibikunle G, Gregoriou A, Pandit N. Price Discovery and Trading after Hours: New Evidence from the World's Largest Carbon Exchange[J]. International Journal of the Economics of Business, 2013(20): 421–445.

[149] Ibikunle G, Gregoriou A, Pandit N R. Price Impact of Block Trades: The Curious Case of Downstairs Trading in the EU Emissions Futures Market[J]. The European Journal of Finance, 2016(22): 120–142.

[150] Ibikunle G, Okereke C. Governing Carbon through the EU-ETS: Opportunities, Pitfalls and Future Prospects. In J. Tansey (Ed.), Carbon Governance, Climate Change and Business Transformation[M]. London: Taylor and Francis (Routledge), 2014.

[151] Jacobsen G D. The Al Gore Effect: An Inconvenient Truth and Voluntary Carbon Offsets[J]. Journal of Environmental Economics and Management, 2011(61): 67–78.

[152] Jiang C X, Likitapiwat T, McInish T H. Information Content of Earnings Announcements: Evidence from After-Hours Trading[J]. Journal of Financial and Quantitative Analysis, 2012(47): 1303–1330.

[153] Johnson T C. Volume, Liquidity, and Liquidity Risk[J]. Journal of Financial Economics, 2008(87): 388–417.

[154] Jones C M. A Century of Stock Market Liquidity and Trading Costs[M]. New York: Columbia University Working Paper, 2002.

[155] Joskow P L, Schmalensee R, Bailey E M. The Market for Sulfur Dioxide Emissions[J]. The American Economic Review, 1998(88): 669–685.

[156] Joyeux R, Milunovich G. Testing Market Efficiency in the EU Carbon Futures Market[J]. Applied Financial Economics, 2010(20): 803–809.

[157] Kalaitzoglou I, Maher Ibrahim B. Does Order Flow in the European Carbon Futures Market Reveal Information?[J] Journal of Financial Markets, 2013(16): 604–635.

[158] Kara M, Syri S, Lehtilä A, et al. The Impacts of EU CO_2 Emissions Trading on Electricity Markets and Electricity Consumers in Finland[J]. Energy Economics, 2008(30): 193–211.

[159] Keim D, Madhavan A. The Upstairs Market for Large-Block Transactions: Analysis

and Measurement of Price Effects[J]. The Review of Financial Studies, 1996(9): 1–36.

[160] Kellard N, Newbold P, Rayner T, et al. The Relative Efficiency of Commodity Futures Markets[J]. Journal of Futures Markets, 1999(19): 413–432.

[161] Kerr S, Máre D. Transaction Costs and Tradable Permit Markets: The United States Lead Phasedown[M]. Auckland: Motu Economic Research Working Paper, 1998.

[162] Kim M, Szakmary A C, Schwarz T V. Trading Costs and Price Discovery across Stock Index Futures and Cash Markets[J]. Journal of Futures Markets, 1999(19): 475–498.

[163] Kling C, Rubin J. Bankable Permits for the Control of Environmental Pollution[J]. Journal of Public Economics, 1997(64): 101–115.

[164] Koch N. Co-movements between Carbon, Energy and Financial Markets: A Multivariate GARCH Approach[M]. Hamburg: School of Business, Economics and Social Sciences, University of Hamburg Working Paper, 2012.

[165] Kossoy A, Ambrosi P. State and Trends of the Carbon Markets 2010[R]. Washington, DC: The World Bank Report, 2010.

[166] Kraus A, Stoll H R. Price Impacts of Block Trading on the New York Stock Exchange[J]. The Journal of Finance, 1972(27): 569–588.

[167] Krehbiel T, Adkins L C. Cointegration Tests of the Unbiased Expectations Hypothesis in Metals Markets[J]. Journal of Futures Markets, 1993(13): 753–763.

[168] Kurov A. Information and Noise in Financial Markets: Evidence from the E-Mini Index Futures[J]. Journal of Financial Research, 2008(31): 247–270.

[169] Kurov A, Lasser D J. Price Dynamics in the Regular and E-Mini Futures Markets[J]. The Journal of Financial and Quantitative Analysis, 2004(39): 365–384.

[170] Kyle A S. Continuous Auctions and Insider Trading[J]. Econometrica, 1985(53): 1315–1335.

[171] Labatt S, White R R. Carbon Finance: The Financial Implications of Climate Change[M]. New Jersey: John Wiley & Sons, 2007.

[172] Lakonishok J, Lev B. Stock Splits and Stock Dividends: Why, Who, and When[J]. The Journal of Finance, 1987(42): 913–932.

[173] Lee C M, Ready M J. Inferring Trade Direction from Intraday Data[J]. The Journal of

Finance, 1991(46): 733–746.

[174] Lee C M C, Mucklow B, Ready M J. Spreads, Depths, and the Impact of Earnings Information: An Intraday Analysis[J]. The Review of Financial Studies, 1993(6): 345–374.

[175] Lesmond D A, O'Connor P F, Senbet L W. Capital Structure and Equity Liquidity[M]. Auckland: University of Auckland Working Paper, 2008.

[176] Lin J, Sanger G C, Booth G G. Trade Size and Components of the Bid–Ask Spread[J]. The Review of Financial Studies, 1995(8): 1153–1183.

[177] Linacre N, Kossoy A, Ambrosi P. State and Trends of the Carbon Market 2011[M]. Washington, DC: The World Bank Report, 2011.

[178] Linares P, Santos F J, Ventosa M, et al. Impacts of the European Emission Trading Directive and Permit Assignment Methods on the Spanish Electricity Sector[J]. The Energy Journal, 2006(27): 79–98.

[179] Lo A, MacKinlay A. When Are Contrarian Profits Due to Stock Market Overreaction?[J] The Review of Financial Studies, 1990(3): 175–205.

[180] MacKinnon J G. Numerical Distribution Functions for Unit Root and Cointegration Tests[J]. Journal of Applied Econometrics, 1996(11): 601–618.

[181] Madhavan A, Cheng M. In Search of Liquidity: Block Trades in the Upstairs and Downstairs Markets[J]. The Review of Financial Studies, 1997(10): 175–203.

[182] Madhavan A, Panchapagesan V. Price Discovery in Auction Markets: A Look Inside the Black Box[J]. The Review of Financial Studies, 2000(13): 627–658.

[183] Madhavan A, Richardson M, Roomans M. Why Do Security Prices Change? A Transaction–Level Analysis of NYSE Stocks[J]. The Review of Financial Studies, 1997(10): 1035–1064.

[184] Mansanet–Bataller M, Pardo T, Valor E. CO_2 Prices, Energy and Weather[J]. The Energy Journal, 2007(28): 73–92.

[185] Mansanet–Bataller M, Pardo Tornero Á. The Effects of National Allocation Plans on Carbon Markets[M]. Valencia: University of Valencia Working Paper, 2007.

[186] Miclăuş P G, Lupu R, Dumitrescu S A, et al. Testing the Efficiency of the European Carbon Futures Market Using the Event–Study Methodology[J]. International Journal of Energy and Environment, 2008(2): 121–128.

[187] Mizrach B, Otsubo Y. The Market Microstructure of the European Climate Exchange[J]. Journal of Banking & Finance, 2014(39): 107–116.

[188] Montagnoli A, de Vries F P. Carbon Trading Thickness and Market Efficiency[J]. Energy Economics, 2010(32): 1331–1336.

[189] Montgomery W D. Markets in Licenses and Efficient Pollution Control Programs[J]. Journal of Economic Theory, 1972(5): 395–418.

[190] Morris D, Crow L, Elsworth R, et al. Drifting Toward Disaster? The ETS Adrift in Europe's Climate Efforts (Vol. 5)[M]. London: Sandbag, 2013.

[191] Nazifi F, Milunovich G. Measuring the Impact of Carbon Allowance Trading on Energy Prices[J]. Energy & Environment, 2010(21): 367–383.

[192] Neuhoff K, Ferrario F, Grubb M, et al. Emission Projections 2008–2012 Versus NAPs II[J]. Climate Policy, 2006(6): 395–410.

[193] Newey W K, West K D. A Simple, Positive Semi-definite, Heteroskedasticity and Autocorrelation Consistent Covariance Matrix[J]. Econometrica, 1987(55): 703–708.

[194] O'Hara M. Presidential Address: Liquidity and Price Discovery[J]. The Journal of Finance, 2003(58): 1335–1354.

[195] Pascual R, Escribano A, Tapia M. Adverse Selection Costs, Trading Activity and Price Discovery in the NYSE: An Empirical Analysis[J]. Journal of Banking & Finance, 2004(28): 107–128.

[196] Pástor L', Stambaugh R F. Liquidity Risk and Expected Stock Returns[J]. The Journal of Political Economy, 2003(111): 642–685.

[197] Patell J M, Wolfson M A. The Intraday Speed of Adjustment of Stock Prices to Earnings and Dividend Announcements[J]. Journal of Financial Economics, 1984(13): 223–252.

[198] Peterson M, Sirri E. Order Submission Strategy and the Curious Case of Marketable Limit Orders[J]. The Journal of Financial and Quantitative Analysis, 2002(37): 221–241.

[199] Pham P K, Kalev P S, Steen A B. Underpricing, Stock Allocation, Ownership Structure and Post-listing Liquidity of Newly Listed Firms[J]. Journal of Banking & Finance, 2003(27): 919–947.

[200] Porter D C, Weaver D G. Post-trade Transparency on Nasdaq's National Market System[J]. Journal of Financial Economics, 1998(50): 231-252.

[201] Reneses J, Centeno E. Impact of the Kyoto Protocol on the Iberian Electricity Market: A Scenario Analysis[J]. Energy Policy, 2008(36): 2376-2384.

[202] Rittler D. Price Discovery and Volatility Spillovers in the European Union Emissions Trading Scheme: A High-Frequency Analysis[J]. Journal of Banking & Finance, 2012(36): 774-785.

[203] Roll R. A Simple Implicit Measure of the Effective Bid-Ask Spread in an Efficient Market[J]. The Journal of Finance, 1984(39): 1127-1139.

[204] Rotfuß W. Intraday Price Formation and Volatility in the European Union Emissions Trading Scheme[M]. Manheim: Centre for European Economic Research (ZEW) Working Paper, 2009.

[205] Rubin J D. A Model of Intertemporal Emission Trading, Banking, and Borrowing[J]. Journal of Environmental Economics and Management, 1996(31): 269-286.

[206] Saar G. Price Impact Asymmetry of Block Trades: An Institutional Trading Explanation[J]. The Review of Financial Studies, 2001(14): 1153-1181.

[207] Sarr A, Lybek T. Measuring Liquidity in Financial Markets[M]. Washington, DC: International Monetary Fund Working Paper, 2002.

[208] Schennach S M. The Economics of Pollution Permit Banking in the Context of Title IV of the 1990 Clean Air Act Amendments[J]. Journal of Environmental Economics and Management, 2000(40): 189-210.

[209] Schleich J, Ehrhart KM, Hoppe C, et al. Banning Banking in EU Emissions Trading?[J]. Energy Policy, 2006(34): 112-120.

[210] Schmalensee R, Joskow P L, Ellerman A D, et al. An Interim Evaluation of Sulfur Dioxide Emissions Trading[J]. The Journal of Economic Perspectives, 1998(12): 53-68.

[211] Schrand C, Verrecchia R. Disclosure Choice and Cost of Capital: Evidence from Underpricing in Initial Public Offerings[M]. Philadelphia: University of Pennsylvania Working Paper, 2005.

[212] Schwarz G. Estimating the Dimension of a Model[J]. The Annals of Statistics, 1978(6): 461-464.

[213] Sijm J, Neuhoff K, Chen Y. CO_2 Cost Pass-through and Windfall Profits in the Power Sector[J]. Climate Policy, 2006(6): 49-72.

[214] Sijm J P M, Bakker S J A, Chen Y, et al. CO_2 Price Dynamics: The Implications of EU Emissions Trading for the Price of Electricity[M]. Amsterdam: Energy Research Centre of the Netherlands (ECN) Working Paper, 2005.

[215] Springer U. The Market for Tradable GHG Permits under the Kyoto Protocol: A Survey of Model Studies[J]. Energy Economics, 2003(25): 527-551.

[216] Stavins R N. Transaction Costs and Tradeable Permits[J]. Journal of Environmental Economics and Management, 1995(29): 133-148.

[217] Stavins R N. What Can We Learn from the Grand Policy Experiment? Lessons from SO_2 Allowance Trading[J]. The Journal of Economic Perspectives, 1998(12): 69-88.

[218] Stoll H R. The Supply of Dealer Services in Securities Markets[J]. The Journal of Finance, 1978(33): 1133-1151.

[219] Stoll H R. Inferring the Components of the Bid-Ask Spread: Theory and Empirical Tests[J]. The Journal of Finance, 1989(44): 115-134.

[220] Stoll H R, Whaley R E. Stock Market Structure and Volatility[J]. The Review of Financial Studies, 1990(3): 37-71.

[221] Svendsen G T, Vesterdal M. How to Design Greenhouse Gas Trading in the EU?[J]. Energy Policy, 2003(31): 1531-1539.

[222] Uhrig-Homburg M, Wagner M. Derivative Instruments in the EU Emissions Trading Scheme—An Early Market Perspective[J]. Energy and Environment, 2007(19): 1-26.

[223] Uhrig-Homburg M, Wagner M. Futures Price Dynamics of CO_2 Emission Allowances: An Empirical Analysis of the Trial Period[J]. Journal of Derivatives, 2009(17): 73-88.

[224] van Bommel J. Measuring Price Discovery: The Variance Ratio, the R^2 and the Weighted Price Contribution[J]. Finance Research Letters, 2011(8): 112-119.

[225] Van Ness B F, Van Ness R A, Warr R S. How Well Do Adverse Selection Components Measure Adverse Selection?[J]. Financial Management, 2001(30): 77-98.

[226] Vesterdal M, Svendsen G T. How Should Greenhouse Gas Permits Be Allocated in the

EU?[J]. Energy Policy, 2004(32): 961–968.

[227] White H. A Heteroskedasticity–Consistent Covariance Matrix Estimator and a Direct Test for Heteroskedasticity[J]. Econometrica, 1980(48): 817–838.

[228] Zhang YJ, Wei YM. An Overview of Current Research on EU ETS: Evidence from Its Operating Mechanism and Economic Effect[J]. Applied Energy, 2010(87): 1804–1814.

缩写表

AAR　平均异常收益率
AHT　盘后交易
AMC　市场收盘后
BMO　开市前
CAR　累计超额收益率
CCFX　芝加哥气候期货交易所
CCX　芝加哥气候交易所
CDM　清洁发展机制
CERs　核证减排单位
CFI　碳金融工具
CITL　欧盟独立交易系统
CLOB　中央限价订单簿
CO_2　碳 / 二氧化碳
EC　欧盟委员会条例
ECC　欧洲商品清算公式
ECX　欧洲气候交易所
EEX　欧洲能源交易所
EFP/EFS　期货转现货 / 期货转掉期
EOD　日终
EPA　美国国家环境保护局
ERUs　减排单位
ETS　电子交易系统
EUAA　欧盟航空津贴

EUAs	欧盟碳排放配额
EU-ETS	欧盟碳排放权交易体系
GHG	温室气体
HAC	异方差和自相关协方差
ICE	洲际交易所
IET	国际排放贸易
ISVs	独立软件供应商
ITL	国际交易日志
JI	联合履行
MEC	市场效率系数
MSR	市场稳定储备
MW	兆瓦
NAP	国家分配计划
NYSE	纽约证券交易所
OTC	场外交易
PHA	个人持有账户
RI	负责任的个人
RSPR	相对价差
RTH	正常交易时间
SSM	沙特股票市场
tCO_2	吨二氧化碳
TRS	贸易登记系统
TSPR	交易价差
UNFCCC	联合国气候变化框架公约
VAR	向量自回归模型
WPC	加权价格贡献
WPCT	每笔交易的加权价格贡献

图　例

列表